NOUVELLES

NOTICES ENTOMOLOGIQUES

PAR

Maurice Girard,

Docteur-ès-Sciences naturelles,
Ancien Délégué de l'Académie des Sciences, ancien Président
de la Société entomologique de France, etc.

(Troisième série.)

EXTRAIT DES ANNALES DE LA SOCIÉTÉ ENTOMOLOGIQUE DE FRANCE

PARIS
TYPOGRAPHIE FÉLIX MALTESTE ET Cie
22, rue des Deux-Portes-Saint-Sauveur.

1878

NOTE DE SÉRICICULTURE

Par M. Maurice GIRARD.

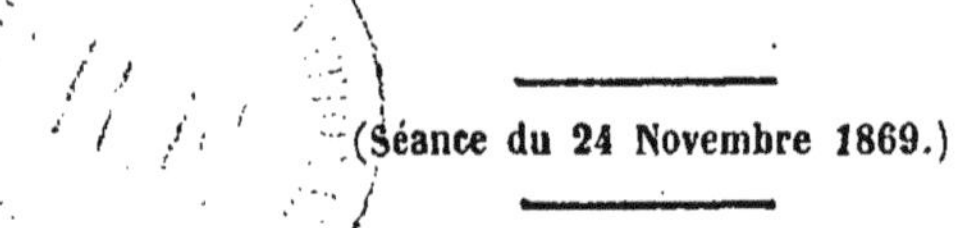

(Séance du 24 Novembre 1869.)

J'ai l'honneur de présenter à la Société entomologique, comme je le fais d'habitude chaque année, au point de vue scientifique et non industriel, un compte rendu sommaire des éducations de Vers à soie de diverses espèces qui ont été essayées cette année à la magnanerie expérimentale du Jardin d'Acclimatation au bois de Boulogne, sous l'habile direction de M. J. Pinçon. Cet exposé est malheureusement l'histoire de tristes mécomptes; mais il apportera, je l'espère, une démonstration de plus de cette opinion si formellement exprimée par M. Pasteur, que les meilleures graines, parfaitement exemptes de corpuscules, provenant d'ascendants sains, peuvent cependant donner des produits infectés, si l'éducation de ceux-ci n'est pas faite dans des conditions de séquestration convenable, afin d'éviter la contagion. Rien de plus fréquent que cette contagion, pour la flâcherie comme pour la pébrine, surtout par les excréments, et pouvant se propager au moyen de ces mille poussières toujours contenues dans l'atmosphère et si visibles quand un mince faisceau de lumière solaire ou électrique pénètre dans une chambre obscure.

Dans ma première visite, le 5 mai 1869, les éducations commençaient à peine, à cause du printemps si froid de l'année. On voyait, sortant de la première mue, de petites chenilles fortes et voraces, d'un excellent aspect, provenant d'une graine envoyée de Londres au cabinet de l'Empereur et transmise au Jardin. Son origine n'a pas pu être connue, malgré les informations. L'éclosion s'était faite le 25 avril et la première mue le 4 mai.

Depuis trois jours commençait l'éclosion d'une graine de race jaune du Midi de la France, donnée par moi à la magnanerie, exempte de corpuscules d'après la vérification au microscope. Elle était encore à la chambre d'éclosion. On y trouvait non éclos ou montrant à peine quelques Vers-isolés, d'autres œufs de *Sericaria mori*, à savoir : de race japonaise et d'importation directe, envoyés par M. de Montebello; d'autres provenant des grainages de M. de Saulcy, à Metz; des graines de l'Équateur et du Chili, du dépôt de M. Gélot; enfin des graines de races blanche et jaune envoyées par M. Raymond Cavalié et devant servir à des expériences sur l'emploi du vin du Midi comme remède contre la flâcherie, selon l'opinion de ce séricicultcur.

Il n'y avait encore eu aucune éclosion des œufs de l'*Attacus Ya-ma-maï* (G. M.). La graine, d'importation japonaise directe, due aux soins de M. Guérin-Méneville, avait été envoyée à la magnanerie expérimentale par la Société d'Acclimatation. Son aspect n'était pas favorable; elle était arrondie et non déprimée, comme le sont les bonnes graines. Peut-être les Japonais l'avaient-ils passée au four, à l'instar d'une fraude que commettaient autrefois les marchands chinois pour la graine du Ver à soie du mûrier. M. de Saulcy a fait, au sujet des graines du Ver à soie du chêne du Japon, une remarque fort juste et qui n'est nullement à l'avantage de la probité japonaise. Les premières graines apportées en Europe par M. Pompe-Van-Meer-Der-Wort étaient excellentes. A cette époque, en effet, l'exportation de cette graine était punie de mort, comme dans l'antiquité pour la graine de *Sericaria mori* en Chine. Un jeune Japonais, dévoué à cet officier hollandais, lui en procura, au péril de ses jours et achetée sous prétexte d'une éducation dans le pays et par des Japonais. Depuis les traités passés récemment entre le Japon et les principales puissances de l'Europe, le commerce de cette graine est libre, et dès lors les graines livrées sont devenues des plus suspectes et nous arrivent plus ou moins avariées. Il ne faut pas accuser hors de propos le gouvernement japonais : le Japon constitue une féodalité à États à peu près indépendants, et les traités que nous passons avec un souverain n'ont pas beaucoup plus de sanction que ceux que pouvait conclure autrefois Louis le Hutin et qui n'engageaient guère ses grands vassaux. Le mieux qu'il y ait à faire est de se passer des Japonais et de n'employer que de la graine des éducations européennes, ainsi de M. de Bretton, près de Vienne.

Quant au Ver de l'Ailante (*Attacus cynthia vera*), espèce bien acclimatée maintenant et à l'abri de toute épidémie, on trouvait des cocons avec chrysalides d'hiver provenant de l'éducation de 1868 au Jardin, et d'autres cocons, avec chrysalides d'hiver, envoyés par la Société d'Acclimatation. Chaque lot avait donné une paire de papillons ayant grainé, et l'éclosion des autres était attendue.

Dans ma seconde visite, le 20 mai, les Vers provenant de la graine du cabinet de l'Empereur marchaient parfaitement, étaient à leur troisième mue et magnifiques comme égalité. Les Vers Maurice Girard, prêts à faire la seconde mue (la première avait eu lieu les 15 et 16), étaient assez fortement inégaux en développement, mais sans perte. Les Vers Cavalié, des deux races françaises, sortaient de la première mue et avaient bonne apparence ; on allait commencer sur eux des expériences comparatives au vin du Midi, en nourrissant une moitié avec des feuilles imbibées de vin et l'autre à la feuille ordinaire. Sans oser me prononcer d'une manière absolue contre les assertions de M. Raymond Cavalié, je ferai remarquer que l'usage d'arroser les feuilles avec du vin est très-ancien chez nos magnaniers du Midi quand les Vers paraissent maladifs, que dans le travail excellent, et trop peu consulté malheureusement, de M. de Quatrefarges sur la pébrine, au début de cette terrible maladie en France, il est fait mention d'un grand nombre de procédés curatifs, tous essayés sans succès, et parmi eux le vin, le sucre, la fleur de soufre, le charbon pulvérisé, divers sulfates, etc. L'idée de M. Cavalié d'employer le vin comme moyen curatif de la flâcherie n'est donc aucunement une nouveauté dans l'art du magnanier.

Les Vers Montébello, de race japonaise blanche, étaient aussi à la première mue et avaient bon aspect. Quant aux Vers de Saulcy et Gélot, l'apparence était médiocre ; il n'y avait eu que peu d'éclosions et les chenilles faisaient aussi leur première mue.

La graine de l'*Attacus Ya-ma-maï* était tout à fait perdue et sans éclosion, sauf un seul Ver, je crois ; ce fut, du reste, un résultat à peu près général pour cet envoi, qui n'a donné en France qu'un très-petit nombre de chenilles débilitées. En ouvrant les œufs on avait trouvé, à la réception de cette graine, presque toutes les chenilles mortes, et on sait que dans cette espèce la chenille est formée de très-bonne heure, circonstance qui aide beaucoup pour l'essai des graines.

Je suis retourné une troisième fois à la magnanerie expérimentale le 24 juin 1869. Tout avait bien changé et l'aspect était désolant : partout des Vers atteints de flâcherie, à pattes d'*arpians*, c'est-à-dire s'accrochant à tout ce qu'elles touchent, de sorte qu'il est difficile de saisir les Vers ; il n'y avait aucune trace de pébrine, pas de taches et la corne anale intacte. Voici l'historique de la marche de l'affection : les Vers Gélot, de Saulcy, Cavalié, *avec ou sans vin*, moururent de la troisième à la quatrième mue. L'envoi Montebello (race de Chine blanche) parvint à la quatrième mue. Les Vers Maurice Girard furent toujours inégaux ; environ la moitié parvinrent à la quatrième mue ; un certain nombre essayèrent de monter aux claies coconnières Davril, mais bientôt mirent la tête en bas et se vidèrent sans filer. Les Vers de la graine venue de Londre avaient toujours été magnifiques de force et d'égalité ; tous avaient fait la quatrième mue et subi la grande frèze. Deux jours avant la montée, en quarante-huit heures ils périrent tous morts-flats. La veille encore ils excitaient une admiration générale et avaient été l'objet des éloges de M. de Montebello.

Il est évident que la contagion provenant de certaines races avait gagné de proche en proche des tablettes toutes placées dans la même salle. Il faut remarquer que l'éclosion fut tardive et l'éducation lente, car la magnanerie n'est pas chauffée et la saison fut froide ; ce sont là, comme l'indique expressément M. Pasteur, des conditions de contagion. Il importe que les éducations soient assez précoces et menées avec une certaine rapidité (Voir Comptes rendus de l'Académie des Sciences, séances des 15 mars et 31 mai 1869).

La direction du Jardin, sans doute fatiguée des insuccès de ces dernières années, va transporter en 1870 la magnanerie dans un autre local. Déjà l'ancien bâtiment a été affecté à un gymnase de singes, au grand plaisir du public. Nous sommes réduits à espérer pour l'avenir la cessation de l'influence épidémique, si particulièrement persistante près de Paris.

Les Vers de l'Ailante seuls se trouvaient, au 24 juin, dans de bonnes conditions, entre la deuxième et la troisième mue.

NOTES DIVERSES

Par M. Maurice GIRARD.

(Séance du 9 Juin 1869.)

M. Maurice Girard adresse les observations suivantes :

1° Ayant fait de fréquentes excursions au mois de mai et au commencement de juin 1869 dans les bois et plaines de la Brie qui dépendent de ce qu'on nomme en général la forêt d'Armainvilliers, j'ai constaté quelques faits, utiles peut-être à faire connaître. J'ai trouvé deux nouveaux exemples d'adhérence de pollens d'Orchidées chez des insectes à ajouter à ceux que j'ai publiés autrefois dans nos Annales (séance du 24 juin 1863). Ils sont analogues à ceux observés par M. Künckel, et m'ont été offerts par deux espèces du genre *Strangalia*, des Lepturides. Au milieu de mai j'ai capturé au vol un individu de la *Strangalia nigra* Linné, portant sur le vertex, bien en avant, entre les deux antennes, une touffe de pollens d'un beau jaune. Il volait au soleil parmi les herbes, et on aurait dit qu'il offrait, en avant de la tête, un petit fanal étincelant. Au commencement de juin, parmi de nombreux individus de la *Strangalia atra* Fabr., qui venaient s'ébattre sur les fleurs des *Orchis maculata* Linné, communs dans les allées humides, j'ai pris un sujet mâle offrant une touffe de pollens, adhérents en avant aux pièces buccales, de couleur ocreuse. L'insecte était en accouplement, preuve que ces adhérences accidentelles de pollens ne gênent pas les fonctions. Les insectes remplissent à l'égard des Orchidées un rôle harmonique nécessaire à la fécondation de ces plantes, en détachant les pollens glutineux.

2° J'ai fait quelques remarques relatives aux Lépidoptères, bien entendu sans aucune généralisation hors des localités explorées. Cette année, dans la Brie, nombre médiocre de Lépidoptères Diurnes. Dans les bois, très-peu des petites Argynnes (*A. dia* et *euphrosyne*), si communes autrefois.

Le *Satyrus hero* n'existe cette année qu'en faible quantité et très-localisé dans ces bois d'Armainvilliers, qui sont sa station par excellence aux environs de Paris. Tout cela s'explique par la destruction des plantes, dans les allées et fossés des bois, opérée en septembre pour les chasses. Les 6 et 7 juin, par un soleil chaud, un air calme, et pendant toute la matinée, absence complète du *Grand Sylvain* (*Nymphalis populi*) dans les endroits où il paraît en plus grande abondance. Les froids du mois de mai ont tout retardé; l'an dernier, à pareille époque, les sujets étaient déjà défraîchis. Par la même raison on trouvait encore fin mai 1869 des *Satyrus Hero* récents.

(Séance du 12 Octobre 1869.)

M. Maurice Girard offre à la Société la thèse qu'il a présentée à la Faculté des Sciences de Paris pour obtenir le grade de docteur ès sciences naturelles; thèse ayant pour titre : Études sur la Chaleur libre dégagée par les animaux invertébrés et spécialement par les Insectes.

Notre collègue fait connaître les points principaux de ce travail et donne surtout des détails intéressants sur les différences sensibles qu'il a remarquées dans les températures de plusieurs régions du corps des insectes.

On sait, dit-il, que, par des expériences importantes, John Davy, MM. Becquerel et Breschet, plus tard MM. Claude Bernard et Walferdin, sont parvenus à établir certaines différences dans les températures de diverses régions du corps des animaux supérieurs; que MM. Becquerel et Breschet notamment ont pu constater chez l'homme un excès d'environ 1° centigr. sur un muscle en contraction comparativement au même muscle en repos. Il était intéressant de chercher si des faits analogues existent chez les insectes, d'autant plus qu'il y a là une dépendance spéciale de la disposition du système nerveux, de la présence de certaines glandes, etc. Dans les chenilles, la chaleur n'est pas localisée dans certains anneaux, mais appartient à tous, ce qui concorde bien avec la dissémination analogue des centres nerveux; elles affectent d'autant plus l'appareil thermo-électrique qu'un plus grand nombre de leurs anneaux sont en contact avec les barreaux. Il en est tout autrement chez les insectes adultes qui présentent une locomotion aérienne puissante; ils offrent une variation de température entre le thorax et l'abdomen qui atteint des limites tout à fait du même ordre de grandeur que l'excès de température du corps de l'insecte sur l'air ambiant, de sorte qu'on peut dire que le thorax est le siége d'un véritable *foyer calorifique*. Le phénomène est donc d'un tout autre ordre, sous le rapport de ses proportions, que chez les Vertébrés supérieurs. On peut employer pour le mesurer soit les aiguilles thermo-électriques, placées l'une dans le thorax, l'autre dans l'abdomen; soit, si l'insecte est assez gros, le thermomètre à mercure introduit d'abord dans l'abdomen, puis, lorsqu'il est entré en équilibre, poussé dans le thorax. On constatera avec des Bourdons des déviations considérables de l'aiguille du galvanomètre, indiquant toutes un grand excès de chaleur du thorax sur l'abdomen. Ces excès, chez les Sphingides (Lépidoptères à vol très-puissant), atteignent des valeurs de 4° à 6° habituellement, parfois même de 8° à 10°, et sont obtenus dans un temps très-court, presque instantané. Chez les insectes au contraire de vol très-faible ou nul il n'y a pas ou très-peu d'excès de chaleur du thorax sur l'abdomen (ex. : Courtilières, Sauterelles). Il faut remarquer combien ce résultat, surprenant par sa puissance, est conforme aux données anatomiques. Dans le thorax se trouvent à la fois chez l'adulte les puissants muscles des pattes et des ailes, ces derniers en contraction énergique lors du vol et siége d'une forte combustion; au contraire, les muscles de l'abdomen sont alors inertes. En outre, suivant l'opinion le plus généralement adoptée, l'activité de la respiration est plus grande pendant le vol dans le thorax que dans l'abdomen, l'insecte respirant surtout par les stigmates du thorax quand il vole, et par ceux de l'abdomen lorsqu'il est au repos. Enfin, l'excès calorifique du thorax sur l'abdomen est sans doute lié aussi à la prédominance de masse et à la concentration des ganglions nerveux thoraciques comparativement aux ganglions abdominaux.

Il faut bien remarquer que si des insectes de vol très-puissant ont donné des excès de chaleur du thorax sur l'abdomen de 6° à 8°, ceux de vol moyen (ainsi les grands Bombycides, Paons de nuit, etc.) n'ont plus que 2° à 3° d'excès; et, enfin, l'excès est très-faible chez de gros insectes, quand le vol est à peu près nul (Sauterelles vertes, Courtilières, etc.), et peut-être, dans ce cas, tient-il à la différence de conductibilité par différence d'épaisseur des téguments des deux régions. On peut donc formuler cette loi générale : *Chez les insectes doués de la locomotion aérienne, la chaleur se concentre dans le thorax en un foyer d'intensité proportionnelle à la puissance effective du vol.*

La conformation anatomique des insectes à abdomen pédiculé se prête parfaitement au fait du désaccord thermique des deux régions. Si chez le Mammifère et l'Oiseau, c'est-à-dire les Vertébrés comparables aux Insectes par le perfectionnement des appareils de la vie animale, le corps offre partout de larges sections où de nombreux troncs vasculaires permettent une rapide propagation de la chaleur avec le sang, et, par suite, un équilibre à peu près complet partout, avec quelle difficulté, au contraire, les courants sanguins, si transmission il y a, doivent-ils passer par le détroit resserré que constitue le pédicule d'une Guêpe ou d'un Sphex ! La chaleur développée dans le thorax lors du vol peut-elle même passer dans l'abdomen ? Quelle différence profonde paraît résulter de ces recherches entre la circulation des Insectes et la circulation rapide des Vertébrés supérieurs, à chaleur promptement disséminée partout ?

Je dois, pour terminer, faire cette observation que les méthodes d'observation les plus différentes ont conduit au même résultat pour l'excès de température d'une région sur l'autre; pour les Bourdons et les Hannetons, les aiguilles thermo-électriques ont donné le résultat, et, pour de plus gros insectes, je me suis servi du thermomètre à mercure, soit au dedans des régions, soit au dehors. Rien de plus aisé que de répéter l'épreuve. On prend au vol un gros Sphinx, on le laisse quelques heures dans une salle à température constante. Puis l'insecte est maintenu sur du duvet par une longue pince de bois. On introduit le réservoir d'un fin thermomètre dans l'abdomen, et, un premier excès obtenu sur l'air ambiant, on pousse l'instrument dans le thorax. Aussitôt, comme par une flamme, le mercure monte de plusieurs degrés en une fraction de seconde.

(Séance du 24 Novembre 1869.)

M. Maurice Girard fait connaître diverses observations qu'il a été à même de faire :

1° J'ai l'honneur d'exposer à la Société quelques remarques d'entomologie générale faites cette année sur le plateau de la Brie et dans les bois d'Armainvilliers, et qui sont la suite de ce que j'ai annoncé dans un précédent Bulletin (1869, Bull., p. XXXII).

Le *Liparis dispar* (Lépid., Bombyciens) était peu commun dans cette localité, comparativement à son abondance en certaines années; les mâles étaient peu colorés et de taille médiocre, ainsi que les femelles que j'ai rencontrées; à Fontainebleau, au contraire, m'a appris M. Fallou, l'espèce était très-abondante et réellement nuisible; mais les deux sexes étaient d'un type petit et les mâles peu colorés : cela doit tenir aux chaleurs fortes et subites qui succédèrent à un printemps froid et pluvieux. On sait, en effet, que les éclosions à haute température conduisent au nanisme, pour les chrysalides comme pour les œufs. Cela se voit très-bien sur les Vanesses élevées en captivité, ainsi que je l'ai autrefois cité (Ann. Soc. ent., 1865, Bull., p. XXXVI). Je suis persuadé que les sujets de taille très-réduite qu'on trouve çà et là dans la nature proviennent d'accidents d'insolation sur la chrysalide, car on ne peut admettre que la nourriture manque en liberté à des Phytophages.

Parmi les Coléoptères communs à la fin d'août et au commencement de septembre 1869 il y avait rareté relative pour certains Carnassiers : ainsi la *Cicindela campestris*; les *Carabus auratus* et *monilis* étaient rares et je n'ai pas trouvé le *Carabus purpurascens*. Ce sont là des faits fâcheux au point de vue agricole. Il y avait peu de différence pour les *Feronia melanaria* et *Ocypus olens*, toujours abondants.

A la même époque on rencontrait peu de *Colias edusa* (Lépidoptères diurnes) et encore moins de *Colias hyale*; à peine voyait-on voler un individu sur une vaste prairie artificielle. On sait que dans certaines années ces deux espèces, surtout la seconde, sont très-communes. Depuis plusieurs années je remarque le peu d'abondance de ces deux espèces dans la Brie, mais pas encore autant qu'en 1869.

La première quinzaine d'octobre de 1869 a été remarquable par de très-grandes chaleurs, insolites à cette époque pour les environs de Paris; il en est résulté des apparitions d'insectes Lépidoptères constituant une troisième éclosion et provenant de chrysalides qui auraient hiverné sans cette circonstance. C'est ce que j'ai vu notamment pour les *Lycæna acis* et *Colias edusa*, portés dans l'*Index* de M. Boisduval comme ayant deux apparitions : *Lycæna acis* en mai et juillet, et *C. edusa* en mai et septembre; on peut ajouter août pour ce dernier. J'ai capturé des mâles très-frais, venant d'éclore, et je prenais, le 14 octobre, près du village de Chevry-Cossigny, un magnifique exemplaire de la variété femelle *helice* de *Colias edusa*, sortant de chrysalide et pouvant à peine voler.

Dans la seconde quinzaine d'août les bois d'Armainvilliers présentaient quelques sujets, peu communs du reste, de la seconde éclosion du Sylvain azuré (Lépid. diurne) ou *Limenitis camilla*, espèce dont la seconde éclosion ne se rencontre pas tous les ans en ce pays.

2° Je crois devoir signaler deux anomalies légères dans deux insectes d'ordres différents, pris par M. Clément, tous deux dans la banlieue de Paris, entre Châtillon et Fontenay. Le premier est un cas accidentel d'éclosion : c'est une *Xylocopa violacea* mâle (Hyménoptères mellifiques solitaires) dont les ailes sont en partie transparentes, par défaut du pigmentum habituel d'un violet enfumé. L'autre cas, en raison de sa régularité, est une petite aberration : c'est une *Anthocharis cardamines* mâle (Lépid. diurne), offrant aux secondes ailes, presque au centre du disque de chacune, un petit point noir se détachant sur leur fond blanc, point noir que n'offre pas le type habituel de cette espèce printanière. Dans la collection de M. Fallou j'ai vu un individu de l'*Anthocharis damone* offrant exactement la même aberration.

(Séance du 8 Décembre 1869.)

M. Maurice Girard adresse la note suivante, relative à divers cocons doubles du Ver à soie :

La science est avant tout, et on peut dire uniquement l'expérience. Aussi doit-on accepter tout ce que celle-ci donne et rectifier soi-même ce qu'une observation nouvelle vous apporte comparativement à de premières expériences. J'ai annoncé autrefois (Ann. Soc. Ent. de France, 1863, p. 89), en conformité d'opinion sur ce sujet avec MM. Tigri et Lucas, que les cocons doubles du *Sericaria mori* donnent associés les deux sexes, comme si les chenilles qui se réunissent pour entrecroiser leurs fils et produire des cocons de formes très-variées et non dévidables avaient l'instinct de reconnaître une sexualité qui nous échappe. J'ajoutais cependant que de nouvelles observations pouvaient infirmer ce résultat.

C'est ce qui m'est arrivé cette année. Notre collègue M. Fallou m'envoya de Celles-les-Bains (Ardèche) une série de cocons doubles de toutes formes et dont certains me donnèrent des éclosions. Voici ce que j'ai constaté sur ces cocons, tous de races japonaises d'importation récente, de première génération en France : le 18 juin 1869, d'un cocon blanc sortit un mâle, et le 21 juin le même cocon donna un autre mâle, demeurant parfaitement calme auprès du premier. Le 24 juin un autre cocon blanc produisit un mâle, et le 25 juin, une femelle commençant à sortir, ce mâle s'agita aussitôt. Le 26 juin j'obtins un mâle d'un cocon jaune vert ; l'autre chrysalide mourut. Le 27 juin un cocon blanc donna un mâle à ailes avortées, qui resta cramponné au cocon, et s'agitait, sentant à l'intérieur une femelle, qui n'eut pas la force de percer le cocon. Enfin, le 27 juin, d'un autre cocon blanc sortait un mâle, et le 29 une femelle. Il semble que le mâle ait tendance à naître le premier quand les deux chrysalides sont de sexe différent, peut-être en raison des mouvements dus à l'appétit sexuel déjà développé chez les chrysalides.

A Celles-les-Bains M. Fallou observait de son côté des éclosions de cocons doubles, et, sur 15 sujets, obtenait 12 éclosions de mâle et femelle : deux cocons donnaient chacun deux femelles et d'un cocon triple sortirent deux femelles et un mâle.

Il nous paraît résulter de l'observation qu'il reste une forte tendance des chenilles du Ver à soie à s'associer pour filer par sexes distincts, mais que cette loi souffre des exceptions.

(Séance du 22 Décembre 1869.)

M. Maurice Girard, en offrant à la Société un exemplaire de la 3e édition de son ouvrage ayant pour titre : Métamorphoses des Insectes, lit la note qui suit :

J'ai l'honneur d'offrir à la Société entomologique de France, de la part des éditeurs et de la mienne, la 3e édition des *Métamorphoses des Insectes*. Cette édition a reçu des additions plus considérables que la précédente, et le nombre des gravures a été porté de 308 à 350. Je dois indiquer, comme sujets nouveaux, la Mégacéphale de l'Euphrate, les Manticores, les Silphes dévorant les Colimaçons, les Coléoptères des cavernes avec les variations de leur organe visuel, les Coléoptères sous-marins, les *Ateuchus* et leurs mœurs, les Gymnopleures et les Sisyphes, l'*Æstinomus edilis* et ses métamorphoses, les Psithyres, les nids de l'Anthidie tacheté et du Pélopée tourneur, l'indication de la poche rétractile qui existe sous la gorge des chenilles d'Argynnes et d'autres Lépidoptères diurnes, l'*Attacus Ya-ma-maï*, les métamorphoses curieuses du Ver lion (Diptère) et des Volucelles, etc.

Je dois adresser mes remerciements à MM. Lucas, Fallou, Giraud, Goossens, Boisduval, Künckel, et surtout à M. le docteur Laboulbène. Leurs précieuses indications m'ont permis de porter à la connaissance de tous un grand nombre de faits inédits ou peu connus, et de contribuer ainsi à vulgariser les notions si attrayantes de la science entomologique.

(Séance du 25 Mai 1870.)

M. Maurice Girard communique à la Société une note en anglais de M. Adams, secrétaire de la légation britannique au Japon. Cette note s'occupe du parasite nommé *oudji* ou *ouji* qui s'attaque aux Vers à soie. Elle signale l'erreur funeste des Japonais qui croient que le Ver sorti de la chrysalide meurt, tandis qu'il se transforme. De grossières figures sur bois montrent une tache noire sur la chenille et sur la chrysalide attaquées par l'*ouji*. La note laisse tout à fait indécise la question de savoir si l'insecte est un Diptère ou un Hyménoptère; M. Adams n'a eu qu'un adulte desséché sous l'enveloppe nymphale, et le dessin informe qu'il en donne semble offrir des antennes hors de proportion avec celles si courtes des Diptères Brachocères.

M. Girard tient d'un négociant en graines, établi à Yokohama, que l'*ouji* ou larve sort de la chrysalide, puis, avec sa tête pointue, perce le cocon d'un petit trou pareil à celui que ferait une vrille, et passe par cet étroit orifice en allongeant et étirant ses anneaux. L'*ouji* attaque également la chenille de l'*Attacus ya-ma-maï* ou Ver à soie du chêne du Japon. Est-il de même espèce que le parasite du Ver du mûrier ? autre question à résoudre.

Notre collègue M. Guérin-Méneville a annoncé tout récemment à l'Académie des Sciences (Comptes rendus, séance du 18 avril 1870, p. 844), d'après la publication et les dessins de M, Adams, que l'*ouji* est un Diptère et le nomme *Tachina ouji*.

Ce n'est pas de la note officielle présentée au Parlement et dont nous venons de parler qu'on peut tirer une pareille affirmation, dont la responsabilité reste à M. Guérin-Méneville. Ce savant rappelle avec raison qu'il a constaté qu'en France la chenille de l'*Attacus cynthia vera* (Ver à soie de l'ailante) est attaquée par une Entomobie, la *Phorocera pumicata* Meigen. M. Maurice Girard a fait connaître le premier la présence de Diptères Tachinaires dans des cocons de Vers à soie en France, réservés pour la reproduction et dont l'adulte n'éclôt pas (Ann. Soc. Ent. de France, 1864, 4e série, t. IV, p. 155).

Si la question entomologique de l'*ouji* est encore à peine ébauchée, il n'en est pas de même malheureusement de l'étendue des désastres qu'il cause. On peut dire que ce terrible parasite a diminué de moitié la production séricicole au Japon en 1869. Ainsi le rapport de M. Adams signale une exportation en France et en Italie de 1,390,000 cartons de graine contre 2,300,000 en 1868, et 6,860 balles de soie en 1869 contre 12,000 en 1868.

(Séance du 8 Juin 1870.)

M. Maurice Girard adresse la communication qui suit :

Dans les premiers jours de mai 1870 j'ai obtenu d'éclosion un *Attacus pyri* (grand Paon de nuit), de taille presque moitié moindre que celle des sujets habituels de cette espèce. Celui-ci présentait tous les caractères des femelles, notamment pour les antennes; il n'y avait aucune atrophie ni difformité, mais réduction régulière de tout le dessin, complet dans ses lignes et ses couleurs et dans leur intensité. Un fait curieux était offert par l'abdomen, qui pendait mou et flasque. Il fut ouvert par M. J. Fallou lors de l'étalage de l'insecte, qui fait partie de la collection de notre collègue. Il n'y avait aucune trace d'œufs, tandis que les femelles de cette espèce ont d'ordinaire l'abdomen tout gonflé de gros œufs verts à l'éclosion de la chrysalide. Cette femelle naine était donc en même temps stérile. Elle provenait d'une chenille chétive; la chrysalide était petite et le cocon peu fourni de soie et surtout peu chargé de matière incrustante, ayant la couleur d'un cocon d'*Attacus carpini* (petit Paon de nuit).

J'ai tout lieu de croire, sans affirmatiou complète cependant, que la réduction de taille et la stérilité de l'insecte sont liées à l'éclosion d'un Ichneumonien, le *Metopius dentatus* ou *fasciatus*, que j'ai trouvé dans le pot où était conservé le cocon du sujet. Cette espèce attaque fréquemment les Paons de nuit. Il n'est pas impossible qu'elle ait permis une éclosion d'adulte, quoique les parasites laissent rarement arriver les Lépidoptères à l'état parfait. Carcel a cité autrefois des Entomobies sortant d'un *Sphinx convolvuli* adulte.

(Séance du 22 Juin 1870.)

M. Maurice Girard communique la note suivante :

M. Guérin-Méneville vient de publier (Rev. et Mag. de Zool., 1870, n° 5) la note sur l'*oudji* ou *uji* des Japonais, qui n'était que résumée dans les Comptes rendus de l'Académie des Sciences (1870, 1er semestre, p. 844). Il admet que le parasite des Vers à soie du Japon est un Diptère du groupe des *Tachina*, en ne prenant ce nom que dans son sens général. Il lui donne le nom de *Tachina oudji*. M. Guérin-Méneville reconnaît n'avoir pas vu l'insecte et s'appuie seulement, pour affirmer son existence, sur les figures données par M. Adams. Les deux premières représentent un Ver à soie et sa chrysalide, chacun avec la tache qui indique la présence de l'*ouji* à l'intérieur; puis vient la larve ou *ouji* sortant, apode, à anneaux boursouflés, qui conviendrait autant à un Hyménoptère qu'à un Diptère, ensuite l'*ouji* au bout de quatre à cinq jours. Cette figure a de l'analogie avec celle d'une pupe de Diptère, quoique fortement annelée. Enfin vient un adulte, dont M. Adams n'a eu qu'un seul exemplaire, à lui indiqué comme provenant de la transformation d'un *ouji*, mais qui était mort et qu'on a retiré, desséché et racorni, de l'enveloppe nymphale. Ici règne la fantaisie de dessin la plus pure. Je crois cependant que, malgré les fortes antennes de l'insecte, on a voulu figurer une mouche, vu la forme ramassée et raccourcie; l'opinion de M. Guérin-Méneville, que l'animal figuré par M. Adams, comme étant l'*ouji* du Ver à soie du mûrier, est un Diptère, me paraît fort probable, quoiqu'on ne puisse pas encore en donner l'affirmation en toute certitude.

Mais voici une autre phase de la question et un fait certain dont la pièce authentique est soumise à la Société avec cette note. Le second rapport de M. Adams au Parlement britannique constate que la chenille de l'*Attacus Ya-ma-maï* est attaquée par l'*ouji*, qui sort au printemps à la même époque que pour le Ver à soie du mûrier. M. Adams ici n'a pas eu l'occasion de rien observer par lui-même. Or j'ai reçu de M. Albert Geoffroy Saint-Hilaire quelques cocons de *Ya-ma-maï*, envoyés du Japon par M. le comte de Montébello, de la légation française. Ils provenaient de l'éducation de 1869 et de sujets élevés par M. de Montébello. Ces cocons non éclos lui avaient été désignés par les Japonais comme atteints de l'*ouji*. Un d'eux présentait un corps ballottant dans la chrysalide desséchée : c'était le reste d'une grande nymphe dont l'adulte n'avait pu sortir. On voit encore la tête, les yeux, la base des antennes. Une autre chrysalide était occupée dans toute sa longueur par un grand Ichneumonien de plus de 3 centimètres de long, de la section des Ophions. M. le docteur Giraud y a reconnu une espèce du genre *Anomalon*. On sait que les Ophions affectionnent les chenilles du genre *Attacus*. M. E. Blanchard, dans ses expériences faites autrefois avec M. H. Lucas pour introduire en France les Attacides américains, a vu des Ophions sortir des cocons du *Prometheus* et du *Cecropia*. Le genre *Anomalon* se transforme sans faire de cocon dans la peau des chrysalides. Il est caractérisé par de grandes antennes, un abdomen comprimé à pédicule très-long et coudé, à tarses postérieurs épais. Ce genre offre un mélange de couleurs noires et d'un fauve ferrugineux. L'espèce japonaise du *Ya-ma-maï* a le thorax noir, les tibias postérieurs noirs en partie, les cuisses postérieures noirâtres, les autres ferrugineuses, l'abdomen d'un brun roux antérieurement, noirâtre postérieurement. Malheureusement les ailes de ce sujet, mort avant la sortie, étaient trop séchées et atrophiées. Il est voisin, pour la taille, de l'*Anomalon heros* Wesmaël, grande espèce de Syrie et aussi du midi de la France, qui a de longues ailes d'un jaune enfumé.

L'Ichneumonien que nous faisons connaître se rapporte parfaitement à ce qu'on lisait dans un passage d'une lettre de M. le comte de Montébello à M. Albert Geoffroy Saint-Hilaire. Il y est dit que, des cocons non éclos de *Ya-ma-maï*, sort au printemps suivant un animal qui fait beaucoup de bruit et qui pique. Or, l'aspect des Ophions rappelle grossièrement les Guêpes et les Sphex, à piqûre si cruelle, et du reste je me souviens d'avoir été piqué par la tarière d'un grand Ophion.

Que conclure ? rien de complétement affirmatif d'abord tant que, comme M. Adams pour l'*ouji* du Ver à soie, on n'aura qu'un seul adulte. On peut être tombé sur l'espèce la moins habituelle. Il me semble très-probable que l'*ouji* n'est qu'un mot général, s'appliquant à toutes sortes de larves parasites de Diptères comme d'Hyménoptères. Les Japonais essayent les chrysalides des cocons pour savoir, selon la proportion de l'*ouji*, si l'on doit tout étouffer ou si l'on peut conserver pour le grainage. Ils doivent appeler *ouji* tout Ver parasite rencontré. Une étude patiente fera reconnaître ce qui prédomine, ou de Diptères, ou d'Hyménoptères, décidera la question de savoir si les mêmes espèces attaquent le *Sericaria mori* et l'*Attacus Ya-ma-maï*, et quelles sont les espèces les plus funestes.

(Séance du 25 Octobre 1871.)

M. Maurice Girard adresse la note suivante :

Me trouvant, le 19 octobre courant, dans le village de Chevry-Cossigny, près Brie-Comte-Robert (Seine-et-Marne), j'ai été témoin d'un fait assez curieux, que je crois devoir mentionner à la Société. J'examinais, chez un apiculteur fort intelligent de cette localité, M. Lance, les ruches de son invention, ruches à hausses, à la fois d'observation et de récolte partielle. A trois heures de l'après-midi, par un temps chaud et un peu orageux et un air entièrement calme, arriva du dehors et de loin comme un nuage d'Abeilles, à la façon d'un énorme essaim. Attirées sans doute par l'odeur, plus vraisemblablement que par la vue, qui ne s'exerce pas à grande distance chez les insectes, elles s'abattirent sur le rucher, dont les planches furent bientôt noires d'Abeilles, puis elles se partagèrent entre trois ruches qu'elles envahirent.

Comme l'origine première de ces Abeilles m'est restée inconnue, je crois qu'il faut y voir une migration de colonies peut-être très-éloignées. Il est peu probable qu'il s'agisse d'un véritable essaim qui serait tout à fait exceptionnel pour l'époque. C'est le plus souvent la faim qui développe l'instinct migrateur chez les Abeilles, comme chez les Acridiens. L'essaim véritable, le plus tardif qui se soit produit à ma connaissance, à Paris, se forma un 15 août, au Jardin d'Acclimatation du bois de Boulogne, avec une mère italienne dépaysée.

Les conditions locales de Paris placent les Abeilles, et sans doute aussi d'autres insectes, dans un état insolite. Ainsi, depuis quinze jours, on observe dans les ruches de Paris une assez forte production de faux Bourdons, c'est-à-dire une tendance incomplète à l'essaimage. La cause réside et dans la chaleur d'une sorte de printemps automnal, dont nous jouissons cette année, et dans l'excitation produite par une nourriture succulente des Abeilles : celle des résidus sucrés des raffineries et de diverses industries.

NOTE

SUR UNE

Aberration de l'ARGYNNIS ADIPPE,

Par M. MAURICE GIRARD.

(Séance du 8 Novembre 1871.)

Cette année, dans la forêt de Compiègne, au mois de juillet, les sujets de l'*Argynnis paphia* (Lépid. Achalin.) étaient peu abondants, mais ceux de l'*Argynnis adippe* très-communs, et, parmi eux, assez fréquente, la variété *cleodoxa*. La taille était réduite, surtout pour les mâles, comparativement à certaines années.

Parmi les nombreux exemplaires du type recueillis, s'en trouvait un offrant une légère aberration, intéressante parce qu'elle forme un passage aux aberrations qu'offre parfois le genre *Argynnis* et plus fréquemment le genre *Melitæa*, et dans lesquelles le pigmentum noir, qui forme sur les ailes fauves de ces deux papillons les taches qui leur ont valu le nom ancien de *damiers*, vient confluer en une tache unique à la base de l'aile.

Le sujet observé est un mâle assez petit. Le dessous des ailes n'est pas modifié. Le dessus des ailes inférieures offre seulement les taches noires aussi marquées et aussi larges que dans les exemplaires de grande taille. Il en est de même pour la moitié externe des ailes antérieures. La moitié basilaire offre les dessins noirs doublés en largeur, et en outre le fond fauve intercalaire obscurci, de sorte qu'à quelque distance on a l'aspect d'une tache noire nuageuse, qui arriverait à une tache noire complète par une confluence plus prononcée.

NOTES DE SÉRICICULTURE

Par M. Maurice GIRARD.

(Séance du 13 Décembre 1871.)

Depuis plusieurs années, j'ai l'habitude de rendre compte à la Société des éducations de diverses espèces séricigènes qui sont entreprises à la magnanerie expérimentale du Jardin d'acclimatation, au bois de Boulogne.

La dernière série d'observations a été faite au printemps de 1870. Les événements m'ont empêché d'en présenter un exposé rapide, et ils ont rendu impossible toute éducation en 1871. Je viens combler, un peu tardivement, cette lacune dans la publication d'observations qui ont toujours leur intérêt en présence d'épidémies toujours persistantes, et qui semblent plus tenaces dans la région de Paris que dans d'autres; les faits ont toujours leur valeur dans ce problème complexe de la régénération de nos races, que poursuit M. L. Pasteur avec une ardente sollicitude et un désintéressement tout scientifique.

La magnanerie du bois de Boulogne a expérimenté, en 1870, sur trois espèces distinctes que nous examinerons successivement.

1° Vers a soie du murier (**Sericaria mori**).

La magnanerie expérimentale avait reçu des graines de diverses provenances : 1° quatre boîtes renfermant chacune 5 grammes d'œufs, et qui m'avaient été remises comme essai par M. L. Pasteur, provenant de races anciennes en régénération par la méthode du grainage cellulaire. Il y avait des *sina* blancs, des *milanais* jaunes et, sauf erreur de ma part, des Japonais acclimatés à cocons blancs ; 2° deux cartons de graines de Tchefoo, dans le nord de la Chine, entre Schangaï et Pékin, envoyés par

Mgr Verrolles; 3° une race jaune de Californie, donnée par M. Hentsch; 4° des graines envoyées par M. Guilloteau; 5° des graines, de race française, de Mme Pennequin-Deligny, de Paris, dont un précédent envoi avait très-bien marché; 6° une race japonaise jaune, remise au jardin par la Société d'acclimatation; 7° des graines de l'entreprise fondée par M. Gelot, de races de l'Équateur, provenant de divers expéditeurs, magnaniers ou graineurs de cette région, MM. Carvajol, Guerrero, Calerto, etc.

Nous rappellerons ce qu'on sait déjà par nos communications précédentes, que la magnanerie du bois de Boulogne n'emploie aucun chauffage artificiel, ni mûriers forcés, de manière à laisser les expériences dans les conditions les plus rapprochées de l'état de nature; aussi on comprend que les éducations sont nécessairement tardives sous le climat de Paris. Le 14 mai 1870, une partie des graines Pasteur, de race *sina*, entrèrent les premières en éclosion complète, régulière et simultanée, et les autres, de même provenance, *sina* et *milanais*, deux ou trois jours après. Ce fut le début des éclosions, qui se continuèrent jusqu'à la fin du mois, pour les divers lots. Les vers, alimentés à la feuille hachée dans la chambre d'incubation, sont promptement portés sur les tablettes de la magnanerie.

A une visite faite le 29 mai, se présentait la situation suivante : une partie de la race *sina*, réveillée du 27, était à sa seconde peau; l'autre portion, éclose plus tard, au premier sommeil; de même les *milanais* jaunes; pour les races françaises, choisies d'après le procédé Pasteur, il y avait égalité parfaite et éclosion complète. Les Japonais blancs et les Japonais jaunes avaient fini la première mue le 27; la race jaune de Californie était au premier sommeil, ainsi que les vers chinois de Mgr Verrolles, ceux de M. Guilloteau et ceux de Mme Pennequin-Deligny. Ces derniers avaient eu une éclosion parfaite en vingt-quatre heures, aussi régulière que celle des vers Pasteur. Les graines de l'Équateur étaient encore en voie d'éclosion le 29 mai; mais elle était très-irrégulière, avec beaucoup d'œufs stériles, de sorte qu'on pouvait déjà craindre un échec.

Le 14 juin 1870, les vers français de Mme Pennequin-Deligny occupaient trois tablettes, et se réveillaient de la troisième mue, bien égaux; dans les vers Pasteur, les uns sortaient de la troisième mue, d'autres, moins avancés, allaient subir le troisième sommeil, avec une inégalité assez forte pour une partie de ces derniers; de même, les vers californiens à soie jaune allaient entrer dans le troisième sommeil, et manifestaient un peu d'inégalité. A la même période se trouvaient les vers de M. Guilloteau, avec très-peu de *petits* (on sait que les vers qui restent petits commencent d'ordinaire à être atteints par l'épidémie). Les vers chinois offraient une partie de vers zébrés, indiquant une graine mélangée, et des *petits.*

Le 27 juin 1870, les vers Pennequin-Deligny étaient dans la grande frèze, égaux, avec quelques cas de jaunisse, maladie ancienne dans les éducations, mais peu redoutable. Les vers Pasteur étaient inégaux, mais sans aucune maladie déclarée ; ceux à cocons blancs marchaient très-bien, mêlés de *moricauds,* race robuste ; ceux à cocons jaunes, un peu moins bien. Tous ceux qui étaient forts avaient terminé leur quatrième mue ; quant aux petits mêlés, il n'y a chez eux rien de régulier. Les californiens, réveillés du quatrième sommeil, avec beaucoup de moricauds mêlés, n'avaient pas de maladie ; les chinois zébrés, très-inégaux, marchaient assez mal. Les vers japonais, provenant de la graine envoyée par la Société d'acclimatation, avaient fait leur montée dans la semaine précédente, à température élevée. Leurs cocons étaient médiocres, les uns verts, les autres jaunes et pointus, et leur filature avait commencé le 25 juin. Ce furent, comme on voit, les plus rapides en développement. Il y avait un très-petit nombre de jaunisses. Quant aux vers de l'Équateur, ils avaient subi deux mues, mais ne croissaient que très-lentement. On avait mis en plein air les vers restés petits des graines Pasteur et californienne, et il ne s'y manifestait pas de perte. Il faut bien remarquer que toutes les conditions de contagion se trouvaient réunies dans la magnanerie par le mélange des graines les plus suspectes avec les graines essayées au microscope ; la démonstration de la contagion est évidente, car les rapports adressés à l'Académie des Sciences mentionnent, pour cette année même, les succès des graines de sélection microscopique, élevées sans mélanges.

La suite de ces observations va nous montrer combien de circonstances imprévues entrent en jeu dans les éducations du *Sericaria mori,* et avec quelle perfidie, en quelque sorte, comme le montre M. Pasteur dans son important ouvrage (1), l'épidémie peut ruiner au dernier instant les espérances du magnanier et lui apporter de cruelles déceptions, après que toutes les dépenses d'une éducation totale ont été faites, et qu'il se flatte de n'avoir plus à attendre qu'un bénéfice assuré.

Le 3 juillet 1870, tous les vers de Mme Pennequin-Deligny, après une subite invasion de la maladie, étaient morts, quelques-uns de jaunisse, la

(1) Les maladies du ver à soie, par M. L. Pasteur. Paris, Gauthier-Villars, 2 vol., 1870.

plupart de la flacherie et à l'état d'*arpians* (vers s'accrochant avec ténacité par les pattes). Des vers de la graine Pasteur, une partie des jaunes étaient atteints de la flacherie (maladie des *morts-flats, tripes*, etc.) et devenus arpians; des blancs commençaient à monter, mais avec une vigueur médiocre. Les vers californiens, de bonne venue, étaient prêts à monter, et ceux de M. Guilloteau inauguraient leur montée. Les vers chinois étaient à ce moment les mieux portants, après avoir offert un peu de perte dans le courant de leur éducation; la plupart opéraient une bonne montée. Il n'y avait pas encore eu d'éclosions parmi les cocons de la race japonaise, de reproduction française, déjà citée.

Parmi les vers provenant des graines de l'Équateur, il y en avait qui se réveillaient de la quatrième mue, tandis que d'autres, tout récents, venaient seulement de subir la première. Un fait très-intéressant, déjà signalé du reste dans plusieurs publications, se présente à nous pour les races des régions chaudes. Il faut les réacclimater en Europe, bien que leur origine première soit européenne ou japonaise, c'est-à-dire de l'hémisphère boréal. Toutes ces graines provenaient de pontes effectuées en décembre et janvier, et il y en avait entre autres dont la ponte s'était effectuée le 20 décembre 1868; il est de ces œufs qui restent dix-sept à dix-huit mois avant d'éclore, passant à cet état comme on le voit deux fois la même saison, avant de reprendre la vie normale de l'espèce en climats tempérés; ces œufs avaient subi vingt jours de glacière, selon la méthode de M. Duclaux pour améliorer la graine de vers à soie; d'autres n'avaient pas été glacés. Malheureusement toutes les précautions furent inutiles, ces graines ayant toutes fourni les plus mauvais résultats de l'éducation du printemps de 1870.

Les vers élevés en plein air n'avaient toujours pas de maladie. Un petit lot avait été, dès l'origine, disposé comme essai de la méthode Gintrac, préconisée par les journaux de la Gironde. Les *restés petits* de la graine Pasteur, de race jaune, sortaient alors de la quatrième mue, sans maladie déclarée, mais grossissant peu.

Au 10 juillet 1870, les vers Pasteur, de race blanche, offraient de magnifiques cocons, dignes des plus beaux temps de prospérité de notre belle race *sina*. Sauf un peu de *petits* au début, ces vers ont toujours très-bien marché, avec une très-bonne montée, et un accident d'orage ou *touffe* qui en fit périr une cinquantaine. Les vers jaunes, au contraire, ne réussirent pas en général; quelques-uns cependant offraient de très-beaux cocons, spécimens pour les visiteurs de nos anciens *milanais*. Les californiens jaunes donnèrent une bonne montée, ainsi que les trois tablettes de vers Guilloteau, également de race jaune. Les vers chinois de Mgr Verrolles avaient donné presque tous des cocons blancs, avec mélange de quelques cocons jaunes. Leur montée fut bonne, mais beaucoup de ces vers étaient morts *petits*.

La magnanerie n'offrait plus à l'état de chenilles que quelques trainards des races de l'Équateur, et beaucoup étaient morts par l'effet de l'orage. La chaleur et l'eau tombée à la suite avaient fait périr tous les vers élevés en plein air, et cet accident doit donner un avertissement pour les partisans de la méthode de M. Gintrac, c'est-à-dire de l'élevage en plein air, pratique renouvelée du reste des premiers temps de l'épidémie, et qui avait été autrefois expérimentée avec succès pendant trois ans par M. le professeur Martins, à Montpellier. Il faut que l'élevage en plein air se fasse assez rapidement et en saison printanière, car les vers à soie sont trop affaiblis par une domesticité séculaire et se tiennent trop mal aux feuilles pour résister aux orages et s'abriter lors des averses, comme le font les chenilles indigènes. Les vers qui moururent de l'orage paraissaient souffrir beaucoup et secouaient la tête.

Enfin, le 2 août 1870, les *sina* blancs de la graine Pasteur étaient sortis des cocons. Il y avait beaucoup de femelles et peu de mâles. Les papillons n'avaient pas de trace extérieure de maladie, mais ils montraient peu de vigueur; beaucoup avaient les ailes avortées, et leurs accouplements étaient de courte durée. Les vers chinois n'avaient produit que de mauvais cocons; mais les papillons étaient vigoureux et la graine superbe. Les vers Guilloteau, à cocons jaunes, fournirent des papillons d'un beau blanc, très-vigoureux, et beaucoup de graine. Les vers californiens donnèrent des cocons jaunes, pareils à ceux des vers Guilloteau, et de très-bons accouplements des reproducteurs.

Nous devons, pour mémoire, mentionner des œufs de race tunisienne, envoyés par le général Kérédine, qui ne vinrent pas à éclosion. Nous voyons, par ce qui précède, combien sont encore précaires, dans l'atmosphère de Paris, les éducations séricicoles, et avec quelle facilité des vers de graine choisie se contagionnent. La même influence déplorable persiste, comme nous allons le voir, pour la précieuse espèce du chêne, qu'il serait si désirable de voir s'acclimater dans notre pays.

2° Vers a soie du chêne du Japon (**Attacus Ya-ma-maï** Guér.-M.)

Les *ya-ma-maï* du jardin, provenant de graines apportées du Japon par M. de Montebello, ont commencé à éclore le 19 avril 1870, et ont été nourris avec des bourgeons très-jeunes de chênes précoces du Midi. On n'a pas eu besoin de recourir aux feuilles hachées de chêne se conservant l'hiver sous les feuilles sèches des bois, et qui peuvent offrir une précieuse ressource, comme l'avait constaté par expérience notre collègue M. Fallou, qui avait nourri par ce moyen, et aussi avec des bourgeons de chêne et de charme coupés en morceaux, de jeunes chenilles de cette espèce (*Insectologie agricole*, 3e année, p. 281 et 314). Les feuilles de chêne sont posées sur les œufs en éclosion, puis on place les rameaux chargés de vers à la fenêtre, dans des carafes, en évitant de toucher les jeunes et délicates chenilles. On n'a pas eu besoin de se servir de chênes forcés en serre, qui sont toujours peu goûtés par les vers.

Au 14 mai, un certain nombre de ces vers jaunissaient et mouraient en faisant leur première mue. On vit ensuite apparaître des taches noires entre la deuxième et la troisième mue, qui, pour certains, s'opéra le 22 mai. Les vers malades dorment, accrochés aux rameaux, la tête relevée, et la vieille peau reste accrochée au bout anal. En général, on voit se manifester une tache noire vers le milieu du corps, qui s'étrangle comme par une morsure ou pinçure. L'intestin est noir au point correspondant, le ver cesse de manger, et, si on le presse, l'intestin fait hernie par la peau altérée et sanieuse. Ces vers deviennent *arpians*, comme ceux qui meurent dans leur première peau qu'ils ne peuvent quitter.

Un peu plus tard, les plus gros vers du chêne avaient fait quatre mues, d'autres trois seulement. Ils paraissaient peu vigoureux et, chez beaucoup, le vert pâlissait. Dès le quatrième sommeil terminé, on commença à voir apparaître de la flacherie. Les vers réveillés ne mangent plus, se vident, se mouillent, et prennent en dessous une teinte brune. Il n'y a plus de taches noires en pinçure (pébrine), comme on en avait eu à la deuxième mue. On put dès lors concevoir de grandes craintes pour le résultat final.

A la fin de juin, une grande mortalité avait eu lieu sur ces vers, réduits à 60 environ sur environ 1,200 qu'ils étaient encore au commencement du mois. Alors ils se desséchaient plutôt qu'ils ne coulaient. Dans la première semaine de juillet, il ne restait plus que cinq à six chenilles, le reste étant mort. On ne put arriver à un seul cocon. Ces résultats désastreux, pour une si précieuse espèce, se reproduisent depuis plusieurs années et, malgré tous les soins, avec une fatale persévérance, pour les *ya-ma-maï* élevés au bois de Boulogne.

3e Vers a soie de l'ailante (**Attacus cynthia** Drury, **vera** Guér.-Mén.)

Les vers à soie de l'ailante, élevés au Jardin d'acclimatation en 1870, provenaient de graines fournies par M. Chéruy-Linguet, l'émule de M. Givelet pour la production de cette espèce. L'éclosion eut lieu le 9 juillet 1870, et ils montèrent immédiatement aux feuilles des rameaux disposés dans une salle à fenêtres ouvertes.

Le 2 août 1870, ces vers étaient en bon état, les uns réveillés de la troisième mue, les autres de la quatrième. On avait été forcé de continuer l'éducation à la chambre et non en plein air, car les roitelets et les troglodytes, oiseaux amis des buissons, dévoraient les jeunes chenilles. Aussi il y eut quelques pertes par la maladie des *petits*.

L'introduction de l'*Attacus cynthia vera* est une des rares acclimatations réussies en France, et en peu d'années, contre l'habitude des acclimatations, qui ne se font en général qu'à la suite des siècles. Ce papillon doit prendre place dans les catalogues des espèces francaises, comme le *Chariclea delphinii* (Noctuélides, Lépid. Chalinopt.), venu d'Orient. Depuis plus de six ans, on le prend sauvage aux alentours de Paris et à Paris même, se reproduisant sur les ailantes. J'ai présenté, le 8 décembre 1871, à la Société d'acclimatation des chrysalides en cocons provenant de chenilles récoltées sur les ailantes, par notre collègue M. Clément, dans les squares de l'hôtel de Cluny et de la place de Montrouge, et dans plusieurs jardins de Montrouge. Il y avait aussi des papillons éclos, bien plus grands et mieux teintés que ceux élevés des premiers en France il y a treize ans, par Auguste Duméril. On dira, il est vrai, que cette espèce a peu de soie. C'est juste ; mais ses cocons sont encore mieux fournis et d'une soie plus fine que ceux d'aucun de nos Bombycides indigènes. En outre, quel argument pour persévérer dans nos tentatives pour acclimater l'*Attacus ya-ma-maï*, ce qui serait pour le pays un incalculable bienfait, sa soie le cédant à peine à celle du ver à soie du mûrier.

On voit par ce qui précède combien la pathologie des insectes, science dont il n'existe encore que quelques rudiments, peut être précieuse et importante à connaître, puisqu'elle influe aujourd'hui de la manière la plus grave sur une industrie de premier ordre, la production de la soie, dont le roulement d'affaires annuel pour toutes les nations peut s'évaluer à plus d'un milliard d'après les rapports officiels. On ne s'est guère occupé que des maladies du *Sericaria mori,* et les auteurs spéciaux ont été conduits à les multiplier et à les diversifier outre mesure, par une observation incomplète et non suffisamment comparative de leurs symptômes.

D'après M. Pasteur on peut réduire à quatre types le nombre des maladies du Ver à soie : 1° la *grasserie,* affection peu importante qui a toujours enlevé quelques Vers à la montée dans toutes les éducations; 2° la *muscardine,* maladie causée par l'invasion de l'appareil respiratoire par un Cryptogame, et qui a presque disparu aujourd'hui après avoir exercé en France de très-grands ravages il y a une quarantaine d'années; 3° la *pébrine,* ou maladie de la tache, plus exactement maladie des corpuscules; 4° la *flacherie,* affection plus insidieuse et plus perfide que la précédente, bien moins aisée à reconnaître dans les reproducteurs et dans la graine et tenant en partie à une mauvaise nutrition.

On ne peut douter que ces maladies ne sévissent à l'état naturel sur nos chenilles indigènes. J'ai déjà eu l'occasion de soumettre à la Société des faits de ce genre relativement à la muscardine (Ann. Soc. ent. Fr., 4e série, 1863, III, 90). Tous les entomologistes qui élèvent des chenilles ont vu certaines de ces chenilles devenant flasques, sanieuses et se vidant, ce qui paraît fort analogue à la flacherie des Vers à soie. M. Goossens a constaté des faits de ce genre sur des chenilles en liberté du *Liparis dispar,* mal nourries dans une année très-sèche, et j'ai remarqué souvent, sur les arbres fruitiers de jardins, des chenilles de *Bombyx neustria* en flacherie.

On ne saurait trop engager les entomologistes à observer les maladies des insectes et leurs causes, dans l'intérêt des Vers à soie, la pathologie comparée étant la meilleure.

Ravages du DERMESTES LARDARIUS

DANS LES GRAINAGES CELLULAIRES

OPÉRÉS SUIVANT LA MÉTHODE DE M. L. PASTEUR,

Par M. MAURICE GIRARD.

(Séance du 24 Juillet 1872.)

Un fait nouveau et intéressant par ses conséquences, s'est produit cette année et l'année précédente, par suite de la voracité du *Dermestes lardarius* Linné (Coléoptères, Dermestiens), dans les éducations de grainage de Vers à soie entreprises par M. Raulin, à Pont-Gisquet, près d'Alais (Gard).

Il employait la méthode du grainage cellulaire, cette importante innovation de M. Pasteur, destinée d'une manière rationnelle et par le principe de sélection, à régénérer nos belles races indigènes. Dans ce procédé chaque femelle désaccouplée est mise sur un carré de toile pendu verticalement, de sorte qu'on obtient ainsi des pontes parfaitement isolées.

La ponte terminée, on attache l'insecte avec une épingle dans un coin enroulé de la toile, et, plus tard, à loisir, chaque papillon est soumis à l'essai microscopique qui détermine l'acceptation ou le rejet de la graine si les corpuscules existent, ou au moins dépassent une certaine proportion.

Une perte notable s'est produite par ce fait que beaucoup de papillons, sur lesquels avaient pondu des *Dermestes lardarius*, étaient remplis de larves destructrices qui, le corps mangé, rongent les toiles et dévorent les œufs.

En 1871, le mal, dont on ne s'aperçut qu'en août, perdit un tiers du grainage. Il en résulte un grave préjudice pour le graineur, et en outre l'impossibilité de l'examen microscopique qui doit servir à classer la graine et lui donner sa valeur.

Une question importante pour l'éducateur est celle de savoir quand s'opèrent les pontes du Dermeste. M. Raulin n'a reconnu le mal qu'aprè coup, sur les papillons secs détruits par les larves voraces. Je crois qu'on peut affirmer que le *Dermestes lardarius* qui vole partout, *quærens quem devoret,* pond sur la femelle encore vivante, mais moribonde, peu active, et peu éloignée d'aspect d'une substance animale à demi desséchée. En effet, j'ai recueilli des faits qui rendent cette hypothèse très-probable. M. Boulard a surpris ce Dermeste pondant sur des grands Paons de nuit (*Attacus pyri* Linné), placés à l'étaloir et remuant encore. M. Fallou a vu cette année le même insecte ravageant des fourreaux, chrysalides et adultes de *Psyche calvella* (Lépid. Chalin.). Enfin, il y a plusieurs années j'ai constaté que le *Dermestes lardarius* a mangé beaucoup de chrysalides d'*Attacus cynthia* Drury, *vera* G.-Mén., conservées en hiver pour l'éducation de l'année suivante, et j'ai signalé ce Dermestien comme produisant de grands ravages dans la magnanerie de M. Nourrigat à Lunel (1). Ce Dermeste peut certainement attaquer des insectes encore vivants.

M. Raulin, préocupé du danger, a eu l'idée cette année de séparer les femelles des toiles, aussitôt la ponte faite, en les étiquetant, puis de les soumettre, soit au chauffage, soit aux vapeurs de benzine, de manière à détruire les Dermestes en laissant subsister les corpuscules caractéristiques, nécessaires pour l'essai des graines. Mais ce moyen exige une main-d'œuvre nouvelle dans un moment de presse où il importe de simplifier et de diminuer le travail. Aussi M. Raulin se préocupe de chercher à empêcher les pontes sur les femelles en fermant la fenêtre de la chambre de grainage par un très-fin treillis métallique arrêtant le Dermeste. Il faudra en outre au préalable assainir les chambres de grainage cellulaire par un badigeon au phénol, ou une fumigation, soit au sulfure de carbone, soit au sublimé corrosif, ainsi qu'on le fait pour les punaises de lit (*Cimex lectucarius*), afin de détruire les Dermestes qui pourraient exister dans les plafonds, les planchers, les fentes de muraille. Il est bon d'appeler l'attention des graineurs sur ces faits, la méthode de grainage cellulaire prenant une extension légitimement méritée par ses succès.

(1) Ann. Soc. ent. de France, 1868, Bulletin d'octobre, page XCVII.

NOTES DIVERSES

Par M. Maurice GIRARD.

(Séance du 24 Juillet 1872.)

— **M. Maurice Girard donne communication de plusieurs notices sur divers points de l'entomologie :**

1° Sur un cas de longévité observé chez une chenille de *Cossus* :

Un certain nombre d'insectes, hors de l'état de nymphe où cela est la règle, peuvent passer un temps parfois considérable sans prendre de nourriture. On sait, par exemple, que beaucoup de larves (fausses chenilles) de Tenthrédiniens restent tout l'hiver dans le cocon, et ne deviennent nymphes qu'au printemps ou même en été, peu de temps avant l'éclosion de l'adulte. La chenille de *Cossus ligniperda* (Lépidoptère Chalinoptère ou Hétérocère), a été signalée pour des faits de même ordre, mais rarement, je crois, avec la longue durée de l'exemple que je vais mentionner : Une chenille de cette espèce, provenant d'un arbre des cours du collège Rollin, trouvée en septembre 1871, me fut remise, parvenue à toute sa taille, au commencement d'octobre. Elle fut enfermée dans une boite de carton, avec de la sciure de bois, et se construisit une coque presque complète avec les débris de carton arrachés par ses mandibules. Elle demeura vivante sans prendre de nourriture, maigrissant, mais conservant toujours l'odeur forte qui caractérise son espèce, et ne se changea pas en chrysalide. Elle périt en se desséchant à la suite des fortes chaleurs de la seconde quinzaine de juin 1872.

2° Sur quelques faits pour servir à l'étude de la parthénogénésie :

La science a déjà enregistré un certain nombre de faits de production d'œufs féconds par des femelles de Lépidoptères vierges d'accouplement, notamment dans les Psychides et dans les Bombycides, soit qu'il y ait une véritable parthénogénèse, soit par le fait d'un hermaphrodisme interne, un certain nombre de capsules ovigères étant remplacées par des réservoirs à spermatozoïdes. Le vers à soie de l'ailante (*Attacus Cynthia* Drury, *vera* G.-Mén.) a déjà été signalé plusieurs fois comme ayant offert ce curieux phénomème. Cette année (juillet 1872), à la magnanerie expérimentale du Jardin d'Acclimatation qui a été confiée à ma direction, deux femelles nées avant les mâles et privées de toute copulation, d'après l'observation de la magnanière, femme fort intelligente et à qui j'avais recommandé cette question, ont produit des œufs féconds, et on élève les chenilles à part. Je ne puis pas encore donner une affirmation complète à cet égard, car il ne serait pas impossible, malgré les affirmations contraires de la magnanière, que des mâles sauvages du dehors (on sait que l'espèce est acclimatée tout autour de Paris) aient pu pénétrer; mais j'aurai soin de séquestrer les cocons de ces chenilles, et de soumettre les femelles à un isolement scientifique qui me permettra de certifier le fait, s'il tend à se reproduire à la seconde génération. Chez les Psychides il est constaté pour plusieurs générations.

3° Sur des dégâts produits dans divers vignobles par les *Vers gris* :

J'ai été consulté par un propriétaire de vignobles à l'occasion de dégâts assez sérieux commis cette année, 1872, au mois de mai, par des *Vers gris*, qui me furent remis, et qui étaient des chenilles de l'*Agrotis exclamationis* Linné. Cette espèce s'attaque de préférence aux racines des légumes et des plantes basses, et a d'abord ravagé les asperges plantées dans les vignobles, et diverses cultures de légumes; mais elle a fini, et le fait offre de l'intérêt, par manger les racines de la vigne elle-même, dans les sols légers de Mer (Loir-et-Cher), tellement que chez un seul propriétaire, à Montbouillon, 4 hectares de vignes ont subi une perte considérable.

J'ai conseillé, comme remède, pour s'opposer aux dégâts de la seconde éclosion, la chasse des adultes à la lanterne au début de l'éclosion, et surtout un léger déchaussement des pieds des ceps, et une injection concentrée de solution de brou de noix et de feuilles de noyer. Cette liqueur doit agir sur les chenilles souterraines comme sur les lombrics, les faire sortir aussitôt de terre, stupéfiées, de sorte que le soleil en ait bientôt raison. Il serait fort difficile en vignoble d'appliquer le moyen préconisé par M. E. Blanchard pour combattre les ravages de l'*Agrotis segetum* dans les betteraves du Nord, à savoir le tassement énergique du sol pour empêcher l'éclosion des adultes et leur ponte en terre.

(Séance du 9 Octobre 1872.)

— M. Maurice Girard fait les communications verbales suivantes sur divers sujets :

1° J'ai parlé dernièrement à la Société de chenilles d'*Attacus Cynthia vera* (Drury, Guér.-Mén.), provenant d'œufs éclos de femelles regardées comme vierges et dont il était curieux d'examiner les derniers états, dans l'espérance de voir se continuer la parthénogénèse à la deuxième génération. Il n'y a eu que très-peu d'éclosions, dont une seule femelle, comme il arrive d'habitude chez les Vers à soie de l'ailante et du chêne. Cette femelle, maintenue rigoureusement vierge, n'a donné que des œufs inféconds qui se sont bientôt aplatis. L'expérience, étant négative, est donc à recommencer.

2° J'ai eu l'occasion de faire, avec notre collègue M. Poujade, dans les derniers jours de juillet dernier, une excursion à Champigny, dans les terrains très-secs de cailloux d'alluvion de l'ancien parc de Saint-Maur. Cette localité, plus accessible encore aux amateurs parisiens que Lardy et Fontainebleau, a également l'avantage d'offrir des espèces méridionales. Nous y avons trouvé assez fréquente le *Scolia quadrimaculata* (Hyménoptère fouisseur), indiqué d'ordinaire de Fontainebleau. La capture la plus intéressante a été celle d'un Gryllien (Orthoptère), l'*Œcanthus pellucens*, Scopoli. Il s'y trouvait par places en très-grand-nombre, en nymphes et en adultes des deux sexes encore immatures. C'est donc en août qu'on devra rechercher à Champigny cette curieuse espèce. M. Poujade en a rencontré aussi des sujets isolés à Lardy et à Joinville-le-Pont. M. H. Brisout de Barneville l'a prise à Saint-Germain et M. H. Lucas l'a trouvée à Honfleur pondant dans des tiges de bruyère (Ann. Soc. ent. Fr., 1871, Bull., p. XV et XXVI.) On peut donc ranger cet Orthoptère parmi les insectes parisiens. Audinet-Serville, M. E. Blanchard, M. Ed. Perris, M. Fischer, de Fribourg (*Orthoptera europæa*), ne le mentionnent que parmi les Orthoptères de l'Europe méridionale. Il manque en Belgique (Catal. des Orth. de Belgique de M. de Sélys-Longchamps) et sans doute dans la France septentrionale.

3° Pendant mon séjour, à la fin d'août et en septembre 1872, dans le nord de la Bretagne, j'ai pu faire quelques explorations sur les falaises, les dunes et les nombreuses petites plages de sable de Saint-Servan, Dinard, Saint-Enogat, Saint-Lunaire, Saint-Briac, etc. (Ile-et-Vilaine). J'ai observé, comme d'habitude pour le climat marin de nos côtes, des espèces qui sont d'ordinaire plus méridionales. Ainsi, dans les jardins de Saint-Servan, où croissent, indifférents aux gelées à peine sensibles de ces régions, les figuiers, les arbousiers, les *Bambusa*, etc., volait, à la fin d'août, le *Cetonia morio*, que nous n'avons pas aux environs immédiats de Paris, qui a été pris à Essonne et que les amateurs vont chercher à Fontainebleau. Sur les petites plages de sable de Saint-Servan se trouvait, mais peu abondant, le *Cicindela littoralis*, variété *nemoralis*. Il volait aussi sur la plage, entourée de verdure, de Dinard, et même sur les quais poudreux du port de Saint-Malo. Cette espèce est aussi abondante à Cancale. Les Cicindèles littorales disparurent en septembre.

Le *Callimorpha hera* (Lépid. Hétér.), fréquent à la fin d'août dans les jardins et sur les plantes des grèves, offrait autant de sujets à ailes rouges (type central de France) que de sujets à ailes jaunes. C'est ce que MM. Fallou et Oberthür ont aussi constaté à Cancale, localité toute voisine, et ce qui arrive sur l'étendue des côtes de Bretagne et d'une partie de la Normandie. D'après M. Oberthür, la variété jaune serait même plus fréquente au Mont-Saint-Michel que le type rouge.

Les dunes et les falaises arides offraient en troupes énormes l'*Œdipoda cærulescens* (Orth.), à ailes bleues et noires, et aucun individu à ailes rouges (variété ou espèce *germanica* des anciens auteurs). Il me paraît probable que *germanica* exige, non-seulement la chaleur, mais la sécheresse pour que la variation se produise (les vapeurs acides ne changent pas en rouge le bleu des ailes de *cærulescens*). En effet, les côtes offrent des espèces méridionales, ce qui se comprend comme température, mais leur extrême humidité ne peut les assimiler aux régions à la fois sèches et chaudes de l'intérieur. Ainsi, près de Paris, la variété rouge du *germanica* est bien plus localisée que le type bleu, se trouve surtout sur les côteaux très-secs et insolés, dans les vignes, est bien moins commune à Sénart et à Champigny que *cærulescens*. C'est à Lardy seulement que les Criquets rouges et bleus sont en égale abondance. Dans de longs séjours à Compiègne je n'ai jamais rencontré la variété rouge, mais seulement le Criquet aux ailes bleues en nombre immense. C'est aussi le seul qu'on trouve en Belgique (Catal. de Sélys-Longchamps).

Je ferai observer en terminant qu'il ne faut pas confondre, comme le font certains auteurs, l'*Œdipoda* variété *germanica* avec le *Pachytylus stridulus*, aussi à ailes rouges, mais manquant près de Paris, existant dans l'Est et le Sud-Est et rencontré accidentellement en Belgique, dans les bruyères, près de Maëstricht.

(Séance du 23 Octobre 1872.)

M. Maurice Girard adresse la note qui suit :

J'ai l'honneur de faire connaître à la Société un fait intéressant, relatif à l'ordre des Lépidoptères. En 1868, M. Braine, à Arras (Pas-de-Calais), reçut un certain nombre de cocons de l'*Attacus Atlas* Linné, qui lui étaient envoyés de l'Himalaya par M. le capitaine Thomas Perton, et qui avaient été filés en 1868. Ces cocons donnèrent des papillons en août et septembre, puis des œufs. Les chenilles vinrent à éclosion en juin 1869 et filèrent en août suivant des cocons d'où provinrent des papillons et des œufs (première génération en France). Les désastres ayant détourné M. Braine des soins suffisants à donner à cette curieuse tentative, il n'obtint des chenilles de 1870 que quatre papillons nés en août et qui grainèrent (deuxième génération en France). Les chenilles sorties de ces œufs de 1870 en juin 1871 ont produit en août de la même année des papillons d'où M. Braine a retiré de la graine (troisième génération en France). Enfin une quatrième génération fut obtenue dans l'été de 1872, et environ 500 grammes d'œufs furent produits.

En comparant les énormes papillons nés à Arras et les cocons avec les types de l'Himalaya de 1868, on peut s'assurer que l'espèce n'a subi aucune dégénérescence, et que tout fait préjuger un nouveau succès en 1873. En effet, les éducations ont toujours eu lieu *en plein air* sur l'épine-vinette rose. Les œufs, gros comme des petits grains de chénevis, sont collés sur les branches par la femelle. Le cocon ouvert, peu régulier, très-soyeux, mais grossier, ressemble beaucoup à celui de l'*A. cecropia*, de l'Amérique du Nord, sauf qu'il est plus fort, plus gris de ton et plus brillant.

Il n'y a plus lieu de s'occuper de ce cocon au point de vue de la sériciculture, car il n'a pas plus d'intérêt que celui de l'*Attacus cynthia vera* ; mais si on réfléchit que le Ver à soie de l'ailante s'est naturalisé en France à l'état sauvage en peu d'années, on peut, d'après ce qui précède, espérer que les catalogues français pourront plus tard inscrire le géant des papillons à côté d'un assez grand nombre d'espèces importées, comme *Acherontia atropos*, *Chariclea Delphinii*, etc.

C'est au point de vue de la curiosité scientifique que j'ai signalé et fait encourager par une médaille d'argent la tentative de M. Braine, qui a obtenu quatre reproductions en France et qui avait envoyé à la troisième Exposition des Insectes les cocons, papillons et œufs de 1872 à côté des types asiatiques de 1868.

Ce qui ressort de curieux, au point de vue entomologique, des éducations de M. Braine, c'est que l'*Attacus Atlas*, au moins dans le climat du Nord de la France, passe dix mois dans l'œuf, l'évolution complète, de l'éclosion à la ponte, ne durant que deux mois : juillet et août.

Nous rappellerons à ce sujet que notre collègue M. Guérin-Méneville a obtenu en France, il y a déjà longtemps, l'éclosion de chrysalides de l'*Attacus Atlas* ; mais il n'y eut pas de reproduction.

Notes de l'année 1873.

(Séance du 12 Février 1873.)

M. Maurice Girard communique verbalement les renseignements qui suivent, relativement à la sériciculture :

On sait que les cocons des Vers à soie percés par la sortie du papillon constituent un déchet grave pour la filature et sont convertis après cardage en fantaisie, matière textile d'un prix très-inférieur à la soie grége, et ce déchet est d'autant plus grave qu'il y a perte sur la plus belle qualité de cocons, puisqu'on réserve toujours les plus beaux spécimens pour la reproductio . A ce sujet, on peut reconnaître combien sont funestes les erreurs des hommes éminents dans la science. On croyait que le papillon coupait, pour sortir, les fils du cocon fermé. Latreille, ne trouvant aucune mandibule tranchante chez les Lépidoptères, avait émis l'opinion bizarre que le papillon se servait de ses yeux à facettes comme d'une lime pour user et couper les fils à un des bouts du cocon, et cette idée fausse est reproduite par Lacordaire. Il y a déjà assez longtemps que l'on a reconnu que l'insecte ne coupe rien : il écarte seulement les treillis de soie, moins épais aux deux pôles du cocon que sur le contour, en poussant de la tête et en agrandissant le trou avec ses pattes de devant, absolument comme un enfant qui passe à travers une haie sans couper aucune branche. Une liqueur de décreusage, sécrétée par une vésicule céphalique de la chrysalide, découverte par M. Guérin-Méneville, sert à ramollir et à décoller les fils.

On vit bien qu'on pouvait filer à la main et avec précaution un cocon percé; mais quand on essayait d'opérer industriellement à la bassine, bientôt l'eau remplissait le cocon, qui tombait au fond, et non-seulement le fil cassait, mais, chose bien plus importante, on ne pouvait faire de rattache. On eut l'idée de rendre flottant le cocon percé, soit en y mettant des ovoïdes de liége ou des morceaux de bois empilés, comme les formes du cordonnier, ou un ressort à boudin en métal entouré d'une mince enveloppe, mais tout échouait, soit par trop de poids, soit par un manque d'adhésion suffisante à l'intérieur du cocon, de sorte que l'eau s'intercalait, soit surtout par une main-d'œuvre trop compliquée.

Le problème vient d'être résolu par M. Christian Le Doux. Une ampoule de caoutchouc vulcanisé, qu'il nomme chrysalide artificielle, est introduite dans le cocon percé, qu'elle remplit exactement, de sorte que le tout flotte sur la bassine comme les cocons étouffés. On fabrique ces ampoules de la manière suivante et de diverses grosseurs. On découpe à l'emporte-pièce, dans une mince feuille de caoutchouc, quatre secteurs qui sont ensuite assemblés dans un moule et soudés à la vapeur de soufre. Il en résulte une sorte d'œuf à mince paroi, mais plein d'air et trop résistant pour entrer par le trou du cocon. L'ouvrière, et tout ce travail se fait à bon marché par des jeunes filles, perce l'ampoule au moyen d'une pointe, la vide, la comprime, l'introduit dans le cocon percé. Souvent le trou s'est refermé et l'ampoule reste flasque, de sorte que bientôt l'eau remplirait l'interstice. Il suffit de donner au bout de l'ampoule qui se montre au trou de sortie du cocon un coup avec la *dent de vipère*. C'est une pointe en os offrant une cannelure latérale comme la dent des vipères-najas. Aussitôt l'air rentre, et l'ampoule gonflée se colle hermétiquement à l'intérieur du cocon. Une ampoule peut supporter six mois d'eau chaude.

M. Le Doux fait connaître par des chiffres, que nous ne citerons pas, la valeur industrielle de son procédé ; nous tenons surtout à mettre en relief le côté entomologique de la question. Cependant nous ne pouvons omettre le résultat suivant : les cocons percés s'achètent par les cardeurs au prix maximum de 12 fr. le kilogr. Or, après avoir retiré de la soie grége, M. Le Doux trouve marchand pour ses *frisons* et ses *pelettes* à 18 et 20 fr. le kilogr., car le cardeur n'a plus aucune opération à faire pour décreusages et débris de chrysalides. Le procédé a été expérimenté à l'Exposition universelle de Lyon de 1872, et les cocons percés ont été filés avec des cocons étouffés. La fileuse était obligée seulement à plus de rattaches avec les cocons percés, car il arrive souvent que le fil s'affaiblit au trou de sortie quand le méconium acide du papillon l'imprègne. Cependant on obtient parfois 30 mètres de fil sans rupture. Au reste, la rupture de brin, dont on se préoccupait beaucoup au début des expériences, est chose si insignifiante que, pour aller plus vite, l'ouvrière agrandit souvent d'un coup de ciseaux le bout ouvert du cocon, quand cela facilite l'introduction de l'ampoule de caoutchouc. Alors le fil est réellement coupé et on fait de fréquentes rattaches; mais le temps, qui est de la monnaie, est économisé.

L'invention toute française que nous venons de signaler a encore une autre importance : elle s'applique au dévidage des cocons percés du grainage de l'*Attacus yama-maï,* Guérin-Mén. On les achète dans ce but 5 fr. le kilogr., et ce prix sera augmenté quand les éleveurs auront pris l'habitude d'attacher les cocons de grainage sur un plan horizontal. Quand on les laisse en chapelets ou fixés aux branches, le papillon les remplit de déjections très-lourdes dont l'acheteur est obligé de tenir compte. On comprend combien sera facile l'introduction en France de cette importante espèce japonaise, qui doit changer en soie la feuille inutile de nos chênes, si on offre un prix rémunérateur des cocons percés qui viendra se joindre à celui de la vente des œufs.

Enfin le même procédé s'applique au dévidage ordinaire, c'est-à-dire à la bassine, des cocons naturellement ouverts du Ver à soie de l'ailante (*Attacus cynthia* Drury, *vera* Guérin-Mén.). Seulement il reste à trouver un décreusage unique suffisamment économique et n'altérant pas la soie, les trois lessives alcalines indiquées par M. le docteur Forgemol dans son procédé de dévidage à sec sur des aiguilles n'étant pas pratiques en grand, ainsi que le procédé lui-même. Il faut, de toute nécessité, se servir des bassines avec cocons flottants, selon la main-d'œuvre ordinaire des fileuses de tous les pays séricicoles.

Après ce rapide exposé, M. Maurice Girard fait passer sous les yeux de la Société des cocons percés remplis de leurs ampoules de caoutchouc, et montre comment on les gonfle d'air au moyen de la dent de vipère.

(Séance du 26 Mars 1873.)

M. S. Scudder, de Boston, communique la note suivante par l'intermédiaire de M. Maurice Girard, et l'impression de ce travail est décidée par la Société :

Il est bien connu probablement que le *Pieris rapæ* (Lépidoptère) est une espèce devenue commune dans l'Amérique du Nord. Elle a été introduite à Québec en 1856 ou 1857, et plus tard à New-York. Elle se trouve maintenant partout dans le Bas-Canada et les États du nord-est de l'Union, et s'étend rapidement vers le sud et l'ouest. Peut-être ignore-t-on que, depuis dix ans, une variété de cet insecte a été produite dans le Nouveau-Monde, qui diffère du type en ce qu'elle est complétement jaune au lieu d'être blanche ; la teinte est semblable à celle des espèces de *Terias.* — Il y a trois ans, ces individus jaunes, qu'on trouve des deux sexes et dans toutes les saisons, étaient assez rares, mais depuis lors ils sont devenus plus abondants quoique cependant peu communs.

Cette variété, à laquelle j'ai donné le nom de *Novangliæ,* supplantera-t-elle plus tard entièrement le type ? Il y a des indications que le *Pieris rapæ* a commencé à faire une chose semblable à l'égard de l'espèce locale, *P. oleracea.*

Il n'arrive pas souvent que l'occasion s'offre aux naturalistes de voir, de leurs propres yeux, l'origine d'une variété ; mais le progrès de celle-ci, par sa nature, peut être observé avec une entière facilité et les entomologistes doivent s'y appliquer attentivement.

M. Bowles, de Québec, qui, le premier, a découvert cette espèce en Amérique, a attiré mon attention sur un passage du « Farm Insects » de Curtis, qui dit qu'un individu de cette espèce fut pris près de Oldham, Lancashire, en Angleterre, dans lequel toutes les ailes étaient d'un jaune vif ; mais je ne puis découvrir un autre exemple en Europe, et cette variété est complétement inconnue de M. Stainton, auquel je l'ai montrée, et de M. Boisduval, à qui j'en ai donné un exemplaire.

M. Maurice Girard, qui a engagé M. Scudder à faire cette communication, fait remarquer à la Société, au point de vue des principes, tout l'intérêt qu'il y a à observer la création d'une race, peut-être d'une espèce, d'origine certaine. Il rappelle que, çà et là, nous trouvons en France des sujets de *P. rapæ* un peu jaunâtres, mais la race ne persiste pas. C'est comme un essai infructueux. Au reste, il n'a jamais vu ces sujets atteindre un ton d'un jaune soufre aussi prononcé que ceux que lui a montrés M. Scudder.

(Séance du 8 Juillet 1873.)

M. Maurice Girard fait connaître les faits suivants :

Une vingtaine de cocons de l'*Attacus aurota* (Lépid. Hétéroc.), provenant de Bahia (Brésil), m'ont été remis par la Société d'acclimatation pour essayer un grainage de cette belle espèce à cocon dévidable. Trois cocons seulement étaient pleins et n'ont pas encore produit leur papillon. Tous les autres, bien plus légers, ont donné naissance à une multitude de petites Entomobies (Diptères Brachocères, Muscides), toutes de la même espèce, à ailes grisâtres, semi-hyalines. Il faudra une étude approfondie pour reconnaître, dans ce groupe si difficile à caractériser, si l'espèce a été décrite ou si elle est nouvelle.

Des exemplaires piqués et d'autres vivants de l'Entomobie sont montrés à la Société, ainsi que des pupes et leurs débris, les restes des chenilles vides de leurs parasites et les cocons d'*Attacus aurota*.

—

MM. J. Fallou et Maurice Girard remettent la note suivante sur une observation qu'ils ont faite en commun :

Dans une excursion à Champigny, près Paris, le 27 mars de cette année, nous avons rencontré en grand nombre la chenille de *Chelonia Hebe*, le plus souvent après la quatrième mue. Plusieurs chenilles étaient mortes, attachées à des tiges de gramen, et présentaient la consistance dure et l'aspect des Vers à soie muscardinés et devenus *dragées*, comme disent les magnaniers. Presque toutes les chenilles recueillies étaient attaquées et prirent la même apparence après être mortes sans donner de chrysalides.

Les faits de chenilles attaquées par des Cryptogames sont fréquents, et l'un de nous a publié autrefois une note sur diverses espèces muscardinées, ou du moins atteintes d'une affection analogue (Ann. Soc. ent. Fr.,

4e série, 1863, III, 90). Plusieurs espèces de champignons, de genres différents, peuvent produire ces effets, et parmi eux la vraie muscardine des Vers à soie, *Botrytis bassiana* Bals., susceptible d'être communiquée à des insectes très-variés, Chenilles, Sauterelles, Longicornes, etc., comme l'ont fait voir les expériences d'Audouin et de M. Guérin-Méneville.

Un habile botaniste, un des membres de la Commission du *Phylloxera*, M. Maxime Cornu, a bien voulu examiner ces chenilles. Il a reconnu sur les *Chelonia Hebe*, espèce méridionale et locale près de Paris, un Cryptogame d'un autre genre que les *Botrytis*, et, au contraire, sur une chenille de *Bombyx rubi*, espèce tout à fait indigène, trouvée par nous à Meudon au commencement de mars, qui mourut aussi en dragée et couverte d'une efflorescence blanche, un vrai *Botrytis*, peut-être le *bassiana* du Ver à soie, ce qu'avait déjà reconnu autrefois M. L.-R. Tulasne. M. Guérin-Méneville cite cette même chenille comme ayant été muscardinée par lui après inoculation des sporules du Ver à soie.

—

Nous reproduisons, avec l'autorisation de la Société, la lettre adressée à M. Maurice Girard par M. Maxime Cornu :

Ainsi que vous l'aviez reconnu, les deux espèces que vous m'avez adressées ne sont pas attaquées par le même champignon : l'une, le *Bombyx rubi*, qui présente à sa surface un feutrage blanc très-ras, offre des filaments très-ténus, non sporifères, qu'on peut vraisemblablement rapporter à la muscardine des Vers à soie (*Botrytis bassiana*) non complétement développée.

Quant aux autres chenilles (*Chelonia Hebe*), le parasite qui les a tuées est fort différent : il rentre pleinement dans le genre *Empusa* (Cohn : Nova acta Curiosorum Naturæ, A. L. C., t. XXV, p. 299, pl. IX-XI) ou *Entomophtora* Frésénius (1). Il est assez voisin du parasite qui tue les Mouches vers l'automne. Tout le monde a vu les Mouches fixées sur les vitres et entourées d'une auréole de spores. Le champignon occupe l'abdomen de l'animal vivant; quand cet abdomen est piqué il en sort un liquide blanchâtre qui renferme un nombre considérable de corps ovoïdes, premier

(1) Ce nom doit prévaloir selon moi : le mot *Empusa* ayant été appliqué très-antérieurement à un genre de Mantiens. — M. C.

état du champignon. Ces corps ovoïdes s'allongent et font saillie au dehors en perforant mécaniquement la peau de l'animal; la Mouche est morte, du reste, peu de temps avant; l'abdomen présente un aspect tout spécial de gras figé. Les filaments forment à leur extrémité un petit sporange sphérique acuminé, dans l'intérieur duquel se trouve une spore unique en forme de toupie d'Allemagne. A la maturité ces sporanges sont projetés au loin, comme cela a lieu dans un certain nombre de champignons (notamment les *Pilobolus*, qui paraissent assez voisins de celui-ci); telle est l'origine de l'auréole qu'on observe autour des Mouches fixées sur les vitres.

Le parasite du *Chelonia Hebe* est un *Entomophthora*; peut-être est-ce la même espèce; il paraît assez difficile de décider la chose sur le sec; sur le vivant même il serait téméraire de se prononcer; des expériences seules pourraient trancher la question.

J'ai pu examiner un *Entomophthora* sur le Puceron du sureau, à Montpellier, au mois d'avril dernier : il a paru dans les Comptes rendus de l'Institut du même mois une courte note à ce sujet : mon attention avait été éveillée par une observation de M. J.-E. Planchon, correspondant de l'Institut, faite sur le Puceron de la vesce, qui mourait, disait-il, tué par une *Muscardine*, et qui était tué en réalité par un *Entomophthora*. J'ai étudié complétement le parasite de ce Puceron, et l'un des faits les plus singuliers est le suivant : un Puceron, contenant dans son intérieur 52 jeunes à divers états de développement, était rempli par les corpuscules d'*Entomophthora* (il y en avait jusque dans les antennes !) tandis que les jeunes étaient tous parfaitement sains et ne contenaient aucun corpuscule. Cela semble démontrer qu'il faut que le champignon trouve, pour pouvoir pénétrer dans l'animal, une ouverture naturelle, une lésion, etc., et qu'il est incapable de perforer les enveloppes et les téguments des insectes. Je laisse, du reste, cette conclusion pour ce qu'elle vaut.

La question de la pénétration est encore pleine d'obscurité; l'époque à laquelle elle a lieu, les conditions dans lesquelles elle s'effectue ne sont pas connues.

Le fait remarquable du cas présent, c'est l'existence de l'*Entomophthora* sur une *larve*; je crois que c'est la première fois que cela a été signalé.

Permettez-moi de vous citer d'autres cas : Bail l'a vu sur le *Noctua piniperda* (Congrès des Naturalistes allemands, tenu à Dresde, 1868).

C'est aussi ce parasite que je crois avoir rencontré au Puy-de-Dôme sur un insecte identique à celui que je vous envoie et qui fut malheureusement perdu. C'est une Tenthrède qui se montrait en grand nombre sur les *Alchimilla vulgaris* et *alpina*, remarquablement abondantes sur ces hauteurs.

Il est possible que sur ces divers insectes il n'y ait qu'un seul et unique parasite, l'*Entomophthora muscæ*; on ne peut en ce moment ni l'affirmer, ni affirmer non plus le contraire.

(Séance du 23 Juillet 1873.)

M. Maurice Girard, au sujet des ceps de vigne malades et revêtus d'une efflorescence blanche que M. V. Signoret regarde comme une matière amylacée, demande si l'on s'est assuré, au moyen du bleuissement par l'eau iodée, de la nature réellement amylacée de cette production.

M. V. Signoret dit qu'il n'a pas fait cette vérification.

M. Maurice Girard communique la note suivante :

Un fait intéressant s'est présenté cette année à la magnanerie expérimentale du Jardin d'Acclimatation au bois de Boulogne, et M. Berce, qui s'occupe avec moi des observations, l'a constaté également. La flacherie a décimé nos Vers à soie du mûrier. Sur une dizaine de races, des Vers nés à Varsovie ont seuls résisté au fléau. Les Vers à soie du chêne (*Attacus yama-maï* Guér.-Mén.), qui survivaient à un accident, les attaques des oiseaux, ont succombé à la même affection. Elle s'est développée à la même place sur les chenilles de l'ailante (*Attacus Cynthia* Drury, *vera* Guér.-Mén.) qui résistaient à la maladie pendant les autres années. Enfin, les chenilles du Grand-Paon de nuit et du Petit-Paon (*Attacus pyri* Linn. et *carpini* Linn.), élevées à côté des précédentes, sont atteintes du même mal. Il y a là une confirmation éclatante des idées de M. L. Pasteur, qui a affirmé la contagion de la flacherie, puisque cinq espèces différentes de Lépidoptères, élevées à côté les unes des autres, en magnanerie ou à l'air libre, sont atteintes, dont une espèce domestique, le *Sericaria mori*, une espèce parfaitement acclimatée, le Ver de l'ailante, et des espèces indigènes, nos deux Paons de nuit. La flacherie, affection du tube digestif, paraît générale cette année en France chez les Lépidoptères. Les nouvelles des éducations de Ver à soie sont désastreuses sous ce rapport.

M. Berce a été informé par divers éducateurs de chenilles que cette affection leur a fait perdre beaucoup de sujets, et il a eu l'occasion de constater chez lui la maladie sur les Vers du chêne, qu'il élevait avec succès depuis plusieurs années.

M. J. Fallou m'apprend qu'il a perdu par la flacherie toutes les chenilles de l'*Acronycta myricæ* Guenée, après la quatrième mue, et provenant des œufs qui lui avaient été donnés par M. É. Ragonot.

— M. le docteur Boisduval dit, à la suite de cette communication, que la maladie signalée par M. Maurice Girard est connue depuis très-longtemps, et qu'un nom nouveau, celui de flacherie, lui a été seulement appliqué. On trouve souvent dans les champs et dans les bois des chenilles très-molles, périssant ordinairement avant de se transformer, et parfois les papillons qui peuvent en provenir se détruisent facilement au moindre contact.

M. Maurice Girard répond qu'il ne conteste nullement l'ancienneté de la flacherie, mais qu'il s'occupe en ce moment de sa contagion.

M. Maurice Girard rappelle qu'il y a déjà longtemps la Société s'est occupée des Mouches domestiques envahies par ce Cryptogame qu'on rapporte maintenant au genre *Entomophthora* (voir Bull., p. CXXIX à CXXXII), et qui envoie des traînées de sporules divergentes sur les vitres, autour de l'abdomen distendu et blanc de la Mouche collée au carreau et mourante. Aubé citait ces faits dans notre Bulletin de 1837 (p. LXXXII), et Audouin transportait ces sporules par inoculation à des Mouches saines. Seulement à cette époque on confondait cette affection avec la muscardine des Vers à soie (genre *Botrytis*). Audouin communiquait un Cryptogame aux larves de *Saperda carcharias*, et observait dans la nature les larves de la Galéruque de l'orme atteintes d'un parasite analogue. Il est à désirer que ce genre d'observations soit centralisé et qu'une classification nette des Cryptogames des insectes vivants puisse s'établir.

(Séance du 13 Août 1873.)

Au sujet des observations sur la flacherie, présentées dans la précédente séance par M. Maurice Girard, quelques remarques sont faites par divers membres :

M. Goossens dit que la flacherie peut être produite par la nature de la nourriture donnée aux chenilles, et que lorsqu'on voit qu'un végétal semble ne pas convenir à une chenille, il faut lui en offrir un autre. Il attribue cette maladie à un développement exagéré de la sécrétion biliaire chez les chenilles.

M. le docteur Alex. Laboulbène ne suit pas notre confrère dans cette voie, et demande que des études scientifiques soient faites.

M. Berce ne peut affirmer que la flacherie, que l'on constate aussi bien dans la nature que dans les magnaneries, soit contagieuse de chenille à chenille, et il se demande si ce n'est pas la nature du lieu qu'habitent les chenilles qui influe sur sa propagation. En ce qui concerne l'éducation dont il a parlé de l'*Acronycta myricæ*, il est certain que la maladie ne provenait pas de l'œuf, car des œufs d'une même ponte, donnés par M. Ragonot, les uns ont produit chez M. J. Fallou des chenilles flasques, tandis que d'autres, chez lui, ont donné des chenilles d'où il a eu des chrysalides.

(Séance du 10 Septembre 1873.)

M. Maurice Girard envoie la note suivante :

Je lis dans le Bulletin des séances, page CXLIX, que des observations ont été présentées au sujet des exemples de contagion de la flacherie cités par moi. Je dois dire qu'il me paraît probable que la contagion s'est propagée par les chenilles mêmes. Elles n'ont pas été en contact *cutané*, si je puis dire, comme dans les expériences où M. Pasteur donne la contagion à des Vers à soie sains en les mêlant à des Vers en flacherie, mais elles se trouvaient à très-petite distance. Les rameaux d'aubépine et de cerisier, où vivaient les chenilles des *Petit* et *Grand-Paon de nuit*, étaient tout contre les rameaux de chêne couverts des chenilles du *Ya-ma-maï*, espèce qui prit la première la flacherie dans notre éducation du Jardin d'Acclimatation. Rien de plus facile donc que l'infection par miasmes ou sporules. De même on prend la contagion en stationnant près du lit d'un varioleux, sans avoir besoin d'entrer dans le lit.

(Séance du 8 Octobre 1873.)

M. Maurice Girard communique la note suivante :

Dans un séjour de deux mois, en août et septembre 1873, à Granville (Manche), j'ai observé quelques faits entomologiques sur divers Articulés :

1° Les Cicindèles ne se rencontrent pas à Granville même, où le flot, dans les hautes marées, vient battre contre le rocher, mais se trouvent de chaque côté de cette ville, le long des dunes de sable de Donville et de

Saint-Pair, plus abondantes sur cette dernière plage, exposée au couchant, que sur l'autre, tournée au nord. Là, en effet, la mer n'envahit jamais les trous d'affût où vivent les larves sur le talus de la dune et sur le sommet de celle-ci. Au commencement du mois d'août existait seule le *C. littoralis* Fabr., de la petite race *nemoralis* Oliv., la même race que je trouvais l'année précédente près de Saint-Malo, de l'autre côté de la baie. Cette Cicindèle apparaît depuis dix heures du matin jusqu'à trois heures environ de l'après-midi, remontant sur la dune et se cachant dans les grandes herbes dès que le soleil est trop incliné. Elle doit se nourrir de nombreux Diptères sortis des amas putréfiés de varech et de zostère, et peut-être de ces nombreux Talitres (Crustacés) qui sautillent sur le sable.

Je fus témoin, le 13 août, d'un fait assez singulier. A partir de deux heures après midi environ, l'espèce précédente fut remplacée subitement par *C. hybrida* Linné, d'un vol plus rapide que celui de *C. nemoralis,* se laissant moins aisément approcher, plus farouche et fuyant sur la dune. Cette espèce venait d'éclore, et j'en vis sortir de trous dans le sable. Elle persista, sans aucun mélange de l'autre, sur les deux plages sablonneuses citées, en diminuant peu à peu en quantité jusqu'aux derniers jours de septembre. J'ai constaté ce fait nombre de fois.

On ne peut admettre que tous les sujets de l'espèce précédente, que je trouvais l'an dernier près de Saint-Malo jusqu'à la fin d'août, aient été frappés de mort subite le 13 août. Il me paraît probable que *C. hybrida,* plus robuste, expulse immédiatement l'autre espèce de ses territoires de chasse. A Compiègne, j'ai toujours remarqué que dans les lieux très-sablonneux où vole exclusivement *C. hybrida,* comme au Rond-Royal, aux Beaux-Monts, on trouve tout auprès *C. campestris* Linné, espèce non localisée, mais jamais côte à côte et mêlée à l'*hybrida.*

2° Les mêmes talus des dunes étaient criblés de petits trous, nids d'un Hyménoptère fouisseur de faible taille, noir, à ailes enfumées, très-commun certains jours, du genre Pompile ou d'un genre voisin, que j'ai pris plusieurs fois emportant au vol de petites Araignées errantes anesthésiées par le venin et les pattes repliées. Il vole peu et en rasant le sol, mais court beaucoup et sautille sur le sable.

3° Parmi les Orthoptères, l'*Œdipoda cærulescens* Linné était beaucoup moins abondant sur les falaises que l'année dernière dans les régions analogues de Saint-Malo, et je n'ai jamais trouvé la variété *germanica* à ailes rouges ; le *Libellula vulgata* (Névroptère) était, au contraire, des plus communs en septembre.

4° Les Lépidoptères du mois d'août consistaient en *Pieris Daphlidice* et plusieurs Satyres sans intérêt des environs de Paris à la même époque ; le *Callimorpha Hera* n'était pas abondant, et je n'ai vu voler que le type rouge, sans la variété jaune assez fréquente sur les côtes de Bretagne, notamment au Mont-Saint-Michel, très-voisin de Granville. En septembre, les luzernes des falaises offraient les *Colias Hyale* et *edusa* en faible quantité, surtout la dernière espèce.

5° Je termine par un renseignement plus intéressant se rapportant à l'ordre des Crustacés Décapodes, et spécial à quelques localités. Depuis environ quatre ans, m'a-t-on rapporté, un pêcheur de Granville a confié ou s'est laissé surprendre un secret de métier très-important. On capturait d'ordinaire quelques Squales de temps à autre dans les filets ; actuellement c'est, par année, de soixante à soixante-dix mille de ces poissons qui sont pêchés à Granville, du mois d'avril au mois de novembre ; j'en ai vu environ de six à huit espèces distinctes. On les expédie dans les villages du Bocage et du nord de la Bretagne, où leur chair ferme et azotée est une précieuse ressource alimentaire, étant vendue à bas prix. Ce résultat tout nouveau est dû à l'amorce. On garnit les hameçons de longues et très-solides lignes de fond, chacun avec un gros Pagure, le *Pagurus Bernardus*, cachant bien dans son corps charnu le crochet meurtrier. Les femmes et les enfants vont à marée basse chercher dans les rochers les Buccins qui renferment dans leurs grandes coquilles les Pagures les plus développés, et on les brise au maillet pour en extraire le Crustacé.

(Séance du 22 Octobre 1873.)

M. Maurice Girard fait hommage à la Société d'un exemplaire de son *Traité élémentaire d'Entomologie théorique et appliquée* (Ier volume) :

La partie publiée forme un ensemble complet. En effet, elle contient une Introduction à l'Entomologie, plus courte que celle de MM. Lacordaire et Westwood, à laquelle est annexé un guide du chasseur d'Insectes, et la description des procédés de conservation des Insectes, avec les indications nécessaires aux débutants pour le premier classement d'une collection. Ensuite vient une étude sur la géographie entomologique et un excellent chapitre sur les Insectes fossiles dû à la collaboration spéciale de notre collègue M. Oustalet. Le reste du volume est consacré à l'ordre des Coléoptères, avec les principaux genres indigènes et exotiques.

Les débutants y trouveront l'indication et une rapide diagnose des espèces les plus communes en France, les premières par lesquelles commence toute collection, et des notions sur les Coléoptères cavernicoles. Les meilleurs moyens de s'opposer aux ravages des Hannetons, des Scolytiens, des Bruches, de la Calandre des grains, des Altises et autres Chrysoméliens, etc., sont exposés à la place didactique des genres en question.

De nombreuses descriptions de métamorphoses de Coléoptères sont rassemblées dans cet ouvrage : ainsi les Hydrophiles, les Méloïdes, les Hæmonies, les Clytrides, etc.; des citations exactes renvoient le lecteur aux travaux originaux, principalement aux mémoires et monographies publiés par les membres de la Société entomologique de France.

L'auteur s'occupe actuellement de la rédaction relative aux Orthoptères et aux Névroptères.

La plupart des planches de l'ouvrage sont tirées de l'Iconographie de M. Guérin-Méneville, avec additions d'insectes nouveaux et d'anatomie.

—

Le même membre, au sujet du procès-verbal de la précédente séance, dit que le cri produit par le mâle du *Sphinx* (*Acherontia*) *Atropos*, dont s'est occupé M. le docteur Al. Laboulbène, est produit probablement par les deux sexes.

M. Maurice Girard communique la note qui suit :

On sait qu'une des grandes difficultés qui retardent l'introduction en Europe de la précieuse espèce séricigène l'*Attacus yama-maï* Guér.-Mén., c'est l'absence de feuilles de chênes lors de l'éclosion des œufs. Cette année, j'ai exposé à la glacière des œufs de cette espèce, de manière à retarder la naissance des jeunes Vers jusqu'au développement complet des feuilles de chêne. Cet essai me causait de grandes craintes, bien que la méthode du glaçage soit reconnue excellente pour le Ver à soie du mûrier. En effet, la petite chenille du Bombycien japonais est formée sous la coque quinze jours après la ponte de l'œuf, ce qui n'arrive pas pour les autres espèces productrices de soie. Les jeunes Vers glacés ont fourni une éducation qui a échoué à Paris au bois de Boulogne et aussi chez M. Berce. La flacherie n'a pas permis aux chenilles d'arriver au cocon. Cette affection redoutable a sévi à Paris plus intense que jamais; ainsi, le 20 de ce mois, je trouvais à Sénart, avec notre collègue M. J. Fallou, une chenille de *Bombyx rubi* morte en flacherie, flasque et sanieuse, et l'espèce est des plus rustiques. Heureusement qu'il n'en a pas été partout de même. Des œufs de *yama-maï* retardés d'environ un mois par la glace, avaient été remis par moi à M. Le Doux, afin d'être élevés, par 600 m. d'altitude environ, à Férussac (Haute-Loire). Il y a eu un succès, autant qu'on peut l'attendre avec une espèce difficile à acclimater. Les cocons filés ont atteint la proportion de 53 pour 100, ce qui est à peu près le rapport obtenu à Metz en 1872, avec des œufs non glacés, par notre collègue M. de Saulcy. Des papillons sains et vigoureux sont sortis de ces cocons. Ce résultat m'encourage à continuer le glaçage en 1874, dans l'espérance de donner une impulsion considérable aux éducations de l'*Attacus yama-maï*, si j'arrive à résoudre d'une manière bien complète un aussi important problème industriel.

En présumant que d'autres personnes mettront à profit cette indication, et afin aussi d'être utile aux amateurs voulant retarder l'éclosion des pontes d'espèces méridionales jusqu'à l'apparition des feuilles propices, je crois devoir décrire la petite glacière artificielle dont je me sers, et qui est employée pour divers usages dans le sous-sol du laboratoire de M. Pasteur, à l'École normale. Elle se compose d'une fontaine de cuisine en grès, placée au milieu d'un tonneau et entourée de coton cardé, corps très-mauvais conducteur de la chaleur, dont on forme aussi le tampon épais servant de couvercle. Une grande caisse de ferblanc. percée de petits trous, si l'on veut, et où l'on place les œufs à glacer, occupe le centre de la fontaine. On jette entre elle et les parois des morceaux de glace. Un kilogramme de glace, dépense insignifiante, suffit pour maintenir la température de zéro pendant trois à quatre jours, tant est lente, avec cette disposition, la fusion de la glace, dont l'eau s'écoule ensuite par le robinet de la fontaine, qu'on fait sortir hors du tonneau. Chacun peut installer dans sa cave un appareil aussi simple et aussi peu coûteux.

M. Maurice Girard confirme complétement les indications de M. H. Lucas sur le *Cheiracanthium nutrix.* Avec M. Poujade, il a rencontré, au mois de juillet, cette Aranéide en grand nombre sur des Graminées des landes arides de Champigny et de La Varenne. Il a trouvé aussi ensemble, sous l'abri nuptial de toile soyeuse, le mâle de cette espèce se tenant à côté de sa femelle, ce qui est peu fréquent dans cette classe où les mâles semblent destinés par la nature à expier leur redoutable prédominance chez d'autres groupes du règne animal.

(Séance du 12 Novembre 1873.)

M. Maurice Girard, au sujet d'une communication qu'il a présentée récemment, adresse la note suivante :

En rendant compte de mes chasses dans les dunes des environs de

Granville (Manche), je mentionne comme très-abondant en septembre un Hyménoptère fouisseur noir, approvisionnant son nid de jeunes Lycoses (page CLXXXVII). L'espèce, déterminée au moyen de la collection Sichel, est le *Pompilus plumbeus* Dahlbom.

A la fin de septembre, les talus de ces dunes offraient aussi, assez abondamment, un Crabronien, le *Mellinus arvensis* Dahlbom, espèce variant beaucoup pour la taille, ainsi que pour la largeur respective des bandes jaunes et noires.

M. Maurice Girard envoie la note suivante :

Il n'est pas inutile, je crois, de signaler par intervalles certains faits qui n'intéressent qu'indirectement l'entomologie, mais qui rentrent dans ses plus légitimes applications. Je viens de recevoir des indications assez curieuses concernant l'apiculture, et qui m'ont été fournies par un amateur très-intelligent, M. Lance, demeurant à Chevry-Cossigny, près Brie-Comte-Robert (Seine-et-Marne).

Je suis avec beaucoup de curiosité ses travaux depuis plusieurs années. Un rucher considérable est établi au milieu d'une vaste prairie arrosée par un cours d'eau, et où le propriétaire des ruches fait des semis de plantes diverses destinées aux essais. On ne saurait croire, si on ne l'avait constaté *de visu* comme moi, à quel point un apiculteur habile peut transformer les Abeilles en servantes dociles, et les plier à tous ses caprices, pourrait-on dire, si l'on a soin de mettre à profit leurs instincts. Les ruches d'observation de M. Lance me paraissent la dernière limite du possible en ce genre.

On sait que ces Hyménoptères construisent toujours leurs gâteaux dans la partie la plus élevée de la ruche. C'est ce qui a été utilisé. On intercale, dans le haut, des boîtes rectangulaires vitrées, et on les retire à volonté pour l'étude, après que les insectes y ont construit leurs gâteaux dans le sens longitudinal. De la sorte on peut suivre comme il plaît le couvain, les cellules de diverses espèces, le dépôt de propolis, etc. En mettant ces boîtes au moment où s'ouvrent certaines fleurs dans le voisinage du rucher, on obtient des gâteaux à miel d'une espèce spéciale à la fleur. M. Lance peut ainsi livrer sur commande du miel avec un parfum et un goût déterminés. Ces boîtes, enjolivées d'ornements, sont destinées à paraître sur les tables comme friandises. J'ai reçu une de ces boîtes au miel de sainfoin et de luzerne, le meilleur de la Brie.

M. Lance s'est amusé à intriguer tous les paysans apiculteurs de la localité, et même des personnes instruites, des médecins, etc., en leur présentant un miel fort blanc et de bel aspect, mais de mauvais goût. Il leur a montré ensuite qu'il était l'auteur de ce miel étrange ; il coïncidait avec la floraison d'un petit champ de Camomilles, semées près des ruches à titre expérimental.

Je suis persuadé qu'on pourra faire préparer par ce moyen, et par les Abeilles mêmes, des miels thérapeutiques, en choisissant des plantes convenables, et en y apportant des ruches à boîtes mobiles.

Les curieuses recherches de M. Lance ont été récompensées, au mois de septembre 1873, par une médaille de vermeil accordée par la Société d'horticulture des arrondissements de Melun et de Fontainebleau, à la suite de sa 23e exposition, qui a eu lieu cette année à Brie-Comte-Robert.

M. Lance était en instance pour obtenir l'autorisation d'établir dans la forêt de Fontainebleau un rucher, où seront expérimentés ses procédés, à la satisfaction des touristes. J'apprends qu'il a réussi dans sa demande.

(Séance du 26 Novembre 1873.)

M. Maurice Girard adresse la note qui suit :

J'ai parlé précédemment, avec quelque doute (Bulletin 1873, p. CXCII), de l'existence du cri dans les deux sexes du Sphinx à tête de mort, ne pouvant pas me fier à ma mémoire seule pour le cas de la femelle. Je suis tout à fait affirmatif aujourd'hui. En consultant mon travail : Étude sur la chaleur libre des Invertébrés (Paris, 1869), j'y trouve, dans l'énumération des sujets mis en expérience (p. 101), la mention suivante : 21 octobre 1865, *Acherontia Atropos*, femelle récemment éclose, *criant beaucoup*, etc.

(Séance du 24 Décembre 1873.)

M. Maurice Girard communique la note suivante :

J'ai déjà appelé l'attention de la Société (voir Bulletin, page CCXI, séance du 12 novembre 1873) sur le talent avec lequel certains apiculteurs savent, à toute époque de la vie des Abeilles dans la ruche, les obliger à confectionner des gâteaux dans des récipients déterminés, qu'on place à un moment voulu, et qu'on enlève ensuite pour l'étude ou pour la vente.

Habituellement on se sert de boîtes rectangulaires disposées verticalement, suivant la forme normale des gâteaux faits naturellement et sans obstacle, et qui sont toujours plus ou moins oblongs. Cependant on doit reconnaître qu'on peut obliger ces insectes à oublier les prescriptions de l'instinct. On dirait qu'ils se civilisent, comme notre regretté confrère Lespès le prétendait pour les Fourmis.

Je viens d'avoir connaissance de gâteaux entièrement circulaires, c'est-à-dire de forme anormale, qu'on fait construire aux Abeilles en intercalant dans la ruche des rondelles creuses en bois, pareilles à celles du pourtour des boîtes à fruits confits, et probablement en collant comme amorce un petit gâteau commencé. Le fait important est qu'on observe tout autour de la circonférence du disque des piliers d'attache en cire, prouvant qu'on a affaire au travail même des Abeilles. Ces gâteaux circulaires sont ensuite entourés d'un boîte en ferblanc pour la conservation et la vente.

Je présente à la Société un de ces gâteaux, qui ne sont pas encore connus à Paris ; il est rempli de miel et à cellules operculées, et provient de M. G. Dumas, apiculteur à Aigueperse (Puy-de-Dôme).

Notes de l'année 1874.

(Séance du 14 Janvier 1874.)

M. Maurice Girard adresse la note suivante :

Dans la précédente séance (1873, Bull., p. CCXXVI), à la suite d'une note d'apiculture que je faisais connaître, notre collègue M. J. Künckel a fait une juste observation, qui me laisse voir que ma communication n'était pas assez explicite. Je sais, comme tout le monde, que l'instinct des Abeilles les porte à remplir de cellules tous les vides, de forme quelconque, qui se trouvent dans le haut de la ruche. De là une foule de petites curiosités d'apiculteurs, amusement des expositions. Je connais parfaitement ce qu'a fait en ce genre M. l'abbé Sagot, et j'ai cité son nom (Maurice Girard, les Insectes utiles et les Insectes nuisibles à l'Exposition universelle, p. 26, Paris, 1867, librairie de la Maison rustique) lorsque je rappelais que cet apiculteur avait trouvé moyen d'exposer à la fois ses sentiments et ses beaux produits dans une inscription en gâteaux de miel, qui serait bien plus originale aujourd'hui qu'en 1867. Cet apiculteur avait à cet effet disposé, dans les coins de sa ruche à grenier, contre les parois et non à l'intérieur, des moules où les dociles insectes remplirent de cellules et d'un seul côté les lettres creuses qu'on leur offrait. C'est là une fantaisie d'amateur, sans application industrielle; et, dans ce genre, la dernière Exposition des Insectes montrait un tour de force encore plus habile : une spirale compliquée en rayons de miel.

Le gâteau que j'ai présenté dernièrement à la Société est, au contraire, le résultat d'un procédé industriel, et l'auteur en a fabriqué cette année quatre cents exemplaires. La ruche tout entière est transformée à cet effet. Des cadres carrés, dans lesquels sont inscrites des rondelles circulaires, obligent les Abeilles à construire tous leurs rayons en cercles, et des deux côtés, sur un modèle inusité et hors de leur instinct habituel, le bas de la ruche restant réservé au couvain. Ce n'est plus une curiosité futile, mais une méthode nouvelle destinée à la vente commerciale.

Le même membre communique une autre note :

Les détails de mœurs sont souvent négligés et à tort par les entomologistes ; il me paraît utile de signaler tous ceux qui viennent à ma connaissance, quand ils sont nouveaux ou fort peu connus.

M. de Milly élève sur une très-grande échelle, près de Mont-de-Marsan, le Ver à soie de l'ailante (*Attacus Cynthia* Drury, *vera* Guér.-Mén.) et a dû se préoccuper des ennemis de cette utile espèce. Outre les Guêpes, fléau connu depuis longtemps, il vient de signaler la Sauterelle à la Société d'Acclimatation. Je me suis empressé de l'interroger à cet égard, et j'ai vu, par sa description, qu'il s'agissait de la grande Sauterelle verte (*Locusta viridissima* Linné), surtout quand M. de Milly m'a dit que l'insecte était la prétendue Cigale des environs de Paris, figurée dans les éditions anciennes des fables de La Fontaine. Cet insecte dévore les chenilles sur les feuilles des ailantes, ce qui n'avait pas encore, je crois, été observé. On sait déjà que certains Orthoptères mangent à la fois des végétaux et des insectes, et même avec une prédilection pour ces derniers, ainsi la Courtilière et le Grillon champêtre. Il me semble qu'Audinet-Serville a émis une opinion trop absolue, quand il dit que les Locustaires ont un régime exclusivement végétal (Histoire naturelle des Orthoptères, p. 375). La salive brune et âcre des Locustes et des Dectiques, surtout du *Decticus verrucivorus*, est un caractère de carnassier, partagé, je dois le dire, par certains Acridiens. La grande Sauterelle verte, quoique très-commune, n'a jamais été citée comme dévastant les végétaux ; elle se présente toujours en individus isolés, comme les insectes carnassiers ; jamais on ne la fait lever sous ses pas en grandes troupes, comme l'*Œdipoda cœrulescens*, le *Calliptamus italicus*, certains *Stenobothrus* des prairies. Enfin elle supporte un long jeûne.

M. Fischer, de Fribourg (*Orthoptera europæa*), rapporte que l'*Œcanthus pellucens* passe, aux environs de Vienne, pour vivre d'insectes sur les taillis de chêne, et qu'on a élevé cette espèce, toujours assez rare et isolée, avec des galles de chêne, productions qui renferment des larves. Le *Meconema varium* est probablement aussi carnassier en partie, puisque M. de Heyden élevait ses larves avec les galles de chêne dues au *Cynips terminalis* et qui contiennent des larves. Enfin De Géer (Mém. sur les Insectes, III, p. 423) dit qu'ayant renfermé des Dectiques verrucivores ensemble, l'un d'eux fut dévoré par les autres. Il est vrai que sur des insectes captifs on ne peut rien conclure. Le fait que j'ai cité concerne la Sauterelle à l'état libre.

Je compte vérifier le régime de cet insecte, comme j'ai opéré autrefois pour le Grillon champêtre, en mettant l'animal en présence simultanée de végétaux bien frais et de chenilles.

(Séance du 28 Janvier 1874.)

M. Maurice Girard, rapporteur de la Commission de la fondation Dollfus pour le prix à décerner en 1873 (commissaires : MM. Chevrolat, P. Gervais (président), Girard, Lucas, Reiche et les membres titulaires du Bureau de 1873), adresse le rapport suivant, dont M. Reiche donne lecture :

Votre Commission, Messieurs, appelée pour la première fois à proposer un candidat pour le prix Dollfus, a cru devoir, avant tout, au moment où commence l'emploi de cette généreuse fondation, se rapprocher le plus possible du pieux souvenir qui l'a inspirée. C'est un débutant dans l'entomologie que nous avons eu la douleur de perdre : ce sont les travaux les mieux appropriés au début dans l'étude des Insectes que nous avons cru devoir encourager. Votre Commission a, du reste, reconnu que cette opinion ne saurait être une entrave absolue pour l'avenir, mais seulement un guide assez habituel, une certaine latitude devant exister à cet égard dans l'intérêt de la science.

Les travaux présentés au concours pour 1873 étaient soumis à cette condition d'avoir été publiés ou en entier ou en partie en 1873, mais le point réglementaire était toujours un travail spécial à cette année. Trois candidats se sont présentés, dont les œuvres rentraient dans ces prescriptions : MM. Berce, de Marseul, Albert Fauvel.

Votre Commission a reconnu, *à l'unanimité* des membres présents, que le travail de M. Berce devait être proposé pour le prix de 1873, d'après les considérations suivantes :

M. Berce est un vétéran de l'entomologie, et son *Histoire des Lépi-*

doptères de France est comme le couronnement d'une vie consacrée tout entière à l'étude de cet ordre d'Insectes.

La famille des Géométrides, qui forme le volume publié en 1873, est un travail très-soigné, rempli de bonnes descriptions où l'on peut reconnaître parfaitement les espèces, avec tous les détails de métamorphoses, de mœurs et d'habitat de nature à intéresser ceux qui commencent les études entomologiques.

Ce volume a été précédé de quatre autres, de manière à compléter une œuvre importante et qui rendra de grands services.

Nous devons ajouter que l'ouvrage de M. Berce est accompagné d'un grand nombre de planches coloriées, la plupart d'une exécution satisfaisante. Les planches sont importantes dans les ouvrages d'entomologie où doivent s'instruire les débutants. Ils n'ont pas, comme les entomologistes exercés, l'habitude des descriptions arides, ni la communication de riches collections : les yeux aident puissamment le débutant à reconnaître les espèces.

L'ouvrage de M. Berce ne termine pas, il est vrai, l'histoire des Lépidoptères de France ; mais la portion qui reste à traiter, les Microlépidoptères, n'est pas celle que l'on étudie au début, de sorte que la Société récompensera en M. Berce, si elle adopte les conclusions de sa Commission, un travail d'une grande étendue, comprenant les Papillons Rhopalocères, et, parmi les Hétérocères, les Sphingides, les Bombycides et leurs annexes, les Noctuélides et les Géométrides.

M. A. Fauvel a publié en 1873 la seconde partie du deuxième volume de sa *Faune Gallo-Rhénane*. Cet ouvrage, qui demandera une longue vie humaine pour son achèvement, est encore, on peut le dire, à peine commencé. A la suite d'une bonne et intéressante Introduction (premier volume), où l'on doit surtout louer l'étude sur la distribution géographique des Insectes, l'auteur a inauguré l'ordre des Coléoptères par la famille des Staphylinides, qui n'est pas encore terminée et n'offre que deux planches noires. Les descriptions sont très-précises, accompagnées suffisamment de ces détails de mœurs et de ces considérations géographiques qui donnent tant d'intérêt à l'entomologie.

M. A. Fauvel est un commençant auprès de M. Berce ; il doit céder aujourd'hui le pas aux anciens, surtout dans les conditions actuelles de son œuvre. La Société le retrouvera plus tard, avec un travail plus étendu, et, par suite plus utile aux entomologistes, auxquels ne peut suffire l'étude, même très-bien faite, d'une seule famille.

Bien qu'il n'y ait pas à cet égard de prescription formelle, la Commission a regretté que M. A. Fauvel n'ait pas cru devoir offrir à la Société un exemplaire de l'ouvrage qu'il soumettait à son appréciation, en se présentant à un concours ouvert par elle.

M. de Marseul a publié en 1873 un supplément à la *Monographie des Otiorhynchides*, qui ne forment réellement qu'une sous-famille, d'après les travaux du docteur Seidlitz.

Cet ouvrage n'est pas précédé d'une longue introduction entomologique, utile aux débutants, comme la Monographie des Staphylinides de M. A. Fauvel; nous ne pouvons que répéter ce que nous avons dit précédemment pour cet auteur. L'étude d'une seule famille offre difficilement le même intérêt qu'un travail général sur un ou plusieurs ordres, ou au moins une grande partie d'un ordre, et ne pourrait être préférée qu'autant que cette famille offrirait un intérêt exceptionnel au point de vue des mœurs ou des formes des Insectes qu'elle renferme, comme le serait, par exemple, la découverte d'une famille exclusivement cavernicole ou parasite des nids. En outre, dans l'ouvrage de M. de Marseul se trouve un collaborateur étranger, ce qui sort des conditions de la fondation Dollfus.

Votre Commission, Messieurs, vous propose donc M. Berce comme *seul* candidat au Prix Dollfus en 1873, en raison de sa *Faune des Lépidoptères de France.*

M. Maurice Girard fait hommage à la Société de la 4e édition de ses Métamorphoses des Insectes, ouvrage traduit en plusieurs langues étrangères :

Cette nouvelle édition offre des additions plus nombreuses que les précédentes : ainsi les métamorphoses des *Hæmonia, Donacia* et *Clytra*; celles des Mantispes, dont M. le docteur Giraud a dit un mot dans notre Bulletin ; la larve de la Mégacéphale de l'Euphrate, d'après notre regretté collègue Coquerel; les Cécidomyes du froment et leur parasite, avec la reproduction des excellentes figures de M. C. Bazin; enfin les principaux faits découverts par M. Balbiani sur les larves des Puces et leur corne frontale, avec les dessins inédits que l'auteur l'a autorisé à faire figurer.

Mon hommage à la Société, dit en terminant M. Maurice Girard, est un acte de la plus vulgaire justice, puisque les travaux de ses membres ont eu la plus grande part dans le succès accordé par le public à ce petit livre.

(Séance du 11 Février 1874.)

M. Maurice Girard présente à la Société deux sujets, mâle et femelle, d'un Lépidoptère du groupe des Processionnaires, venant d'Australie, mais malheureusement en mauvais état :

Ce sont des Bombyciens d'un gris uniforme, à ton fauve chez le mâle, brunâtre chez la femelle, qui est plus grande, avec une tache blanche mate et arrondie au milieu de l'aile supérieure des deux sexes.

Il y a également la chenille, les débris de chrysalide, les œufs entourés d'un tampon de poils roux de l'extrémité de l'abdomen de la femelle, à la facon de ceux du *Liparis dispar*.

Enfin, le plus curieux objet est un grand morceau de l'enveloppe commune du nid soyeux des chenilles, en feutrage lisse d'un roux clair, assez serré pour qu'on y puisse facilement écrire.

Ces objets ont été envoyés par M. Thozet, botaniste instruit, établi à Rockhampton, colonie anlgaise sur la côte N. E. de l'Australie, dans la province de Queensland, à l'embouchure de la rivière Fitzroy, à une assez grande distance au nord de Brisbane.

Cette Processionnaire vit sur les *Eucalyptus corymbosa* Smith, *robusta* Smith, syn. *rostrata* Cavendish et *tereticornis* Smith.

La femelle seule de cette espèce existe dans la collection de M. le docteur Boisduval, sous le nom de collection de *Bombyx hystrix* Boisd., du sous-genre *Zastonia* Boisd. Le nom spécifique vient de ce que la chenille est très-velue et à poils raides, ce qu'on voit très-bien sur la chenille séchée présentée à la Société.

Cette espèce est voisine du *B. Radama*, de Madagascar, dont le nid social est également entouré d'une grande poche papyracée.

D'après M. Boisduval, l'espèce existe dans les collections du British Museum et du Musée de Bruxelles. L'insecte n'est pas figuré dans les nombreux Lépidoptères australiens du Voyage de la *Novara* décrits par M. Felder.

Il est probable que cette Processionnaire des *Eucalyptus* est commune en Australie ; elle doit avoir été décrite par les entomologistes anglais ou australiens.

De petites chenilles sont sorties des œufs à Paris même ; M. Poujade a cherché à les nourrir au Muséum avec des feuilles d'*Eucalyptus*, mais elles n'ont pas mangé et sont mortes.

(Séance du 25 Mars 1874.)

M. Maurice Girard adresse à la Société les notes suivantes :

1° Notre confrère M. Lichtenstein (Bull., p. LVI, séance du 11 mars 1874) adresse une réclamation relative aux larves du *Bromius vitis* (Eumolpe de la vigne), vivant, d'après lui, sous terre aux dépens des racines et non des jeunes pousses. L'indication donnée dans mon Traité d'Entomologie est empruntée à l'ouvrage cité de M. Goureau. Je n'ai rien observé en ce genre directement, l'insecte en question étant rare aux environs immédiats de Paris. Cette remarque de ma part s'étend à beaucoup de cas; l'auteur d'un Traité général, qui embrasse les Insectes de tous les ordres et de tous les pays, ne peut, le plus souvent, que résumer avec méthode les indications des auteurs précédents, sans garantie personnelle, et cela sans qu'on puisse s'en étonner.

2° J'ai fait placer à la glacière les œufs d'*Attacus yama-maï*, destinés à l'éducation de ce précieux Ver à soie du chêne, au bois de Boulogne, en 1874. Je suis pleinement rassuré par le passé sur le succès de cette pratique si importante, qui permet d'attendre avec certitude pour l'éclosion l'apparition de bonnes feuilles de chêne. Il faut, en effet, remarquer que les œufs de cette espèce sont offerts au prix exorbitant de 16 fr. le 100 (Petites Nouvelles entomologiques), ce qui rend fort grave la mort des petites chenilles faute de nourriture.

Un fait tout nouveau et encore inédit, qui m'est communiqué par M. le Secrétaire général de la Société d'Acclimatation, est de nature à donner toute confiance dans ce glaçage des œufs. Cette espèce a été élevée avec succès à Riga (Russie), après que les œufs avaient supporté en hiver une température de — 12° R., et cela s'étant répété pendant trois ans, le résultat ne peut être attribué au hasard.

(Séance du 13 Mai 1874.)

M. Maurice Girard adresse une note de sériciculture :

Je prie la Société de m'excuser si je reviens par des faits nouveaux sur un sujet dont j'ai déjà parlé; mais sa grande importance pratique me justifiera à ses yeux, je l'espère.

J'ai placé à la glacière, au milieu du mois de mars, des œufs d'*Attacus yama-maï* Guér.-Ménev.; provenant les uns de M. de Saulcy, à Metz, les autres de l'éducation de M. Bigot, à Pontoise. L'opération était urgente, car déjà il y avait quelques éclosions, et le chêne faisait complétement défaut. Il y aurait eu perte totale par famine. Les œufs ont été retirés le 22 avril 1874, et sont éclos tous très-promptement le lendemain, sous l'influence de chaleurs exceptionnelles, et alors que les feuilles de chêne étaient bien développées et assez âgées pour ne pas débiliter les jeunes chenilles. Les larves écloses en mars sont sorties de leur torpeur, et se sont comportées comme si elles éclosaient de nouveau. Depuis lors cette éducation marche lentement en raison des froids du mois de mai, mais le point capital est de nouveau vérifié, la bonté de la pratique du glaçage retardant l'éclosion jusqu'au moment propice.

A titre expérimental, je maintiens encore plusieurs mois quelques œufs à la glacière.

—

(Séance du 10 Juin 1874.)

M. Maurice Girard communique la diagnose d'un genre nouveau de Coléoptères, qui prendra probablement place dans la famille des Silphiens, non loin des *Catops*, parmi les genres anormaux et variés des petites espèces de cette tribu.

SCOTOCRYPTUS.

Corpus convexum, ovatum.

Caput cæcum, latius quam longius, antice truncatum, ad latera subangulatum.

Antennæ subclavatæ, undecim articulis inæqualibus, primis articulis in sulco infra capitis lateraliter quiescentibus.

Thorax latus, antice angustior; scutellum minimum, trianguliforme; elytra antice latiora, postice angustata, rotundata; alæ nullæ.

Femora lata; tibiæ elongatæ, ad apicem spinosæ; omnes tarsi triarticulati, articulis inæqualibus; abdomen parvum, segmentis longitudinaliter subæqualibus.

Le genre est établi sur l'espèce *Scotocryptus meliponæ* Girard, vivant dans les nids des Mélipones des environs de Bahia (Brésil). Trois individus étaient compris dans un envoi à la Société d'Acclimatation de nombreuses espèces de Mélipones et de Trigones, avec divers insectes rencontrés dans leurs ruches, envoi fait par M. Brunet, résidant dans la localité. L'espèce sera décrite et figurée, avec les détails très-grossis, dans nos Annales.

Le même membre, dans une seconde communication, annonce que le Jardin d'Acclimatation du bois de Boulogne vient de recevoir deux ruches de deux espèces de Mélipones des environs de Bahia (Brésil), adressées de Bordeaux par M. Drory, qui a réussi à garder en hiver un grand nombre de ces ruches.

L'une est le *Melipona scutellaris* Latr., espèce déjà élevée en France, notamment au Muséum, mais qui a toujours péri aux premiers froids d'octobre. Ces Mélipones sont très-douces, et on peut ouvrir le nid quand on veut sans les irriter; on les nourrit en partie avec du miel d'Abeilles qu'on place dans les grandes amphores de cire brune qu'elles construisent comme réservoirs.

L'autre espèce, beaucoup plus petite, le *Melipona dorsalis* Smith, est au contraire d'un naturel violent et irritable. Ces petites Mélipones entrent en fureur dès qu'on ouvre leur ruche, contenue comme la ruche de l'autre espèce dans une boîte cubique en bois, et se jettent sur l'observateur, pénétrant dans son cou, ses oreilles, sur ses bras, de façon à être très-gênantes, bien que dépourvues d'aiguillon. Elles sortent par deux petits trous de la boîte, l'un prédisposé à cet effet, l'autre accidentel, et elles ont construit en dehors, autour de chaque trou, un très-joli cornet évasé en cire d'un brun roussâtre, ayant l'aspect en quelque sorte de crêpe ou de dentelle raide.

(Séance du 24 Juin 1874.)

M. Maurice Girard envoie la note suivante :

En me rendant de Paris à Cognac pour étudier la marche du *Phylloxera* dans les Charentes, je me suis arrêté une journée à la campagne, près d'Orléans, et j'ai été frappé aussitôt des ravages de l'*Yponomeuta malinella* sur les pommiers, soit des jardins, soit des vergers : ils sont roux et non verts, toutes les feuilles rongées et pleines de toiles; la plupart des chenilles étaient à leur grosseur le 19 juin ; le fruit manquera complétement. Les paysans se contentent de vous dire que les brouillards ont amené les chenilles, et n'ont pas l'idée de flamber ou de goudronner les petites toiles du début, à la sortie de l'œuf. J'ai retrouvé le même aspect de désastre à tous les pommiers que j'ai vus ensuite d'Orléans à Tours, puis à Poitiers, puis à Angoulême. De cette dernière ville à Cognac les dégâts étaient analogues ; et, d'après notre collègue M. Delamain, de Jarnac, les pommiers achevés par l'Yponomeute avaient été commencés par le *Bombyx neustria.* Ce Lépidoptère a été très-funeste cette année dans la Charente, et j'ai vu les toiles de ses chenilles dans les bois de chêne, dont le feuillage a été en certaines places presque entièrement détruit.

(Séance du 22 Juillet 1874.)

M. Maurice Girard adresse à la Société les communications suivantes :

1° Ma mission dans les Charentes à l'occasion du *Phylloxera* m'a permis de constater certains ravages produits par diverses espèces de Lépidoptères. Beaucoup de jeunes bois de chêne présentent l'aspect désolé de l'hiver par l'action des chenilles du *Liparis dispar,* qui ont achevé l'œuvre commencée par le *Bombyx neustria.* Les précautions pour l'échenillage de ces deux funestes engeances sont si simples qu'il est fort à regretter de voir toute l'incurie et l'ignorance qui règnent à cet égard. Quand ferons-nous moins de politique ? Quand l'instruction agricole se répandra-t-elle dans les campagnes ?

En allant voir, à Jarnac, notre excellent collègue M. H. Delamain, j'ai été frappé de l'abondance du *Liparis salicis* sur les peupliers d'Italie.

2° Une discussion a été récemment soulevée, et très-justement, par notre collègue M. Lichtenstein au sujet des mœurs de la larve de l'Eumolpe de la vigne (*Bromius vitis*). Cet insecte fait beaucoup de tort, en certaines années, aux vignes de l'arrondissement de La Rochelle (Charente-Inférieure). Je me suis assuré, à la ferme-école de Puilboreau, dirigée par M. Bouscasse, que ce Coléoptère pond ses œufs sur le cep, non loin du collet, et que les larves descendent en terre et perforent les racines.

3° J'ai visité de nouveau les deux ruches de Mélipones brésiliennes du Jardin d'Acclimatation, dont j'ai parlé à la Société dans une précédente séance. La petite espèce, le *Melipona dorsalis* Smith, a maintenant à l'entrée de sa ruche un long tuyau cylindrique en cire brune, un peu contourné, de 5 à 6 centimètres de long sur 1 centimètre de diamètre, se terminant au dehors par un cornet roussâtre évasé. Ce boyau d'entrée ressemble au tuyau sablonneux des nids de certains Hyménoptères solitaires.

L'autre espèce, le *Melipona scutellaris* Latr., a d'autres mœurs. Les ouvrières ont établi, en cire brune, grenue et molle, une sorte de mur qui ferme complétement la large fente d'entrée qui avait été établie au bas de la caisse de bois qui leur sert de ruche. Ce travail doit avoir pour but de les soustraire à la lumière et d'empêcher l'accès des insectes ennemis. Les Mélipones qui veulent entrer ou sortir font brèche à ce mur opaque, mais peu consistant. Si on y pratique un trou, il ne tarde pas à être bouché.

(Séance du 26 Août 1874.)

M. Maurice Girard adresse à la Société la note qui suit :

Dans les quelques jours que j'ai passés à Granville (Manche), j'ai pu constater les faits suivants :

Sur les plages sablonneuses de Saint-Pair et de Douville se trouvait seulement l'espèce *Cicindela hybrida*, les 15 et 16 août, très-certainement de seconde éclosion ; la variété *nemoralis* ne s'y rencontrait plus, ayant exactement disparu à la même époque que l'année précédente. La Cicindèle hybride cesse de voler sur ces plages entre quatre et cinq heures du soir.

A partir de ce moment on rencontre assez abondamment sur les sables et les dunes un grand Asile gris, voisin des *Asilus flavescens* Macq. et *trigonus* Meigen. Les deux sexes volent accouplés, les corps sur la même ligne, tête opposée, la femelle entraînant le mâle, plus faible, mais énergiquement cramponné à son abdomen par les crochets copulateurs.

J'ai aussi été frappé du grand nombre d'individus d'une espèce bien commune de Lépidoptères, le *Macroglossa stellatarum* (Sphingiens), qui volent contre les rochers et les dunes, dépourvus de toute fleur mellifère, et qui ont l'air de reconnaître le terrain place par place. Je crois que ce sont des sujets femelles, que l'instinct de la ponte oblige à rechercher les plantes appropriées à l'espèce, lesquelles croissent volontiers dans les lieux arides.

Enfin, j'ai retrouvé le *Callimorpha Hera*, variété jaune, comme deux ans auparavant, près de Saint-Malo, sur le littoral breton en regard.

Ce qui est plus curieux, c'est la capture, près de Granville, d'une femelle de *Satyrus Egeria*, de la variété *Meone*, à taches fauves, comme dans le Midi ; les autres exemplaires étaient du type parisien ou septentrional. Dans les Charentes on ne rencontre que *Meone*, sauf dans les parties froides confinant au Limousin, où reparaît le type. Les espèces du Midi remontent assez haut le long des côtes ; c'est un fait analogue à la capture que notre collègue M. Oberthur a faite près de Rennes d'*Argynnis Pandora*, qui est commune par places dans les Charentes.

(Séance du 23 Septembre 1874.)

M. Maurice Girard adresse la communication suivante :

J'ai recueilli cette année, dans les bois des environs de Cognac, un grand nombre de cocons de *Bombyx neustria* Linné, afin de faire des essais de cardage, et j'ai pu observer un fait analogue à celui qui est connu pour le Ver à soie (*Sericaria mori*). Des chenilles filent parfois leurs cocons accolés les uns contre les autres, et même, ce qui est plus curieux, peuvent se réunir ensemble pour filer un cocon commun, comme les *douppions* des magnaneries. J'ai rencontré particulièrement un de ces amas de cocons assez grand pour avoir au premier abord l'aspect d'un gros cocon de Paon de nuit (*Attacus pyri* Linné) blanchi par les rosées. Il faut bien remarquer qu'il s'agit d'insectes à l'état libre et nullement de sujets d'éducation gênés dans des boîtes et dans des conditions anormales.

(Séance du 14 Octobre 1874.)

M. Maurice Girard communique la note suivante :

On connaît toutes les difficultés que présente l'éducation de l'*Attacus yama-maï* Guér.-Mén., au point que certaines personnes doutent qu'on puisse jamais naturaliser en France cette précieuse espèce du Japon à soie dévidable en grège. Voici un fait qui est de nature à encourager les espérances d'avenir.

M. le docteur Mongrand, à Saintes (Charente-Inférieure), se livre à l'éducation de cette espèce, en outre de ses belles éducations de grainage de Vers à soie par le système Pasteur. Le 3 avril 1874 il plaça en pleine liberté, sur deux petits chênes, dans la commune de Fontcouverte, à 5 kilom. de Saintes, cinquante petites chenilles ayant fait leur première mue. Les chênes furent enveloppés de filets contre les oiseaux. Les chenilles, en plein air, résistèrent à des gelées qui ont fortement agi sur les jeunes chênes, les châtaigniers, les vignes. Comme les lézards et les couleuvres faisaient leur office, M. Mongrand, désespérant de l'expérience, enleva les filets et abandonna tout au hasard. Or, on trouva quelques beaux cocons, et, le 30 janvier, un amateur de Saintes, M. Moine, prenait, à l'état sauvage, à plus de 300 mètres du point de départ, un mâle et une femelle de *yama-maï* posés sur un chêne.

Ce fait confirme une fois de plus ce qu'on sait, qu'il faut élever cette espèce dans les conditions les plus voisines de l'état libre, si on ne peut y arriver complétement. Ce n'est, au reste, que par l'éducation en toute liberté sur les ailantes que l'*Attacus cynthia-vera* Guér.-Mén. est devenu une véritable espèce de la faune française, et quelques essais dans le genre de celui de M. Mongrand peuvent en faire autant pour le *yama-maï*.

(Séance du 11 Novembre 1874.)

M. Maurice Girard envoie la note suivante :

M. Rössler, professeur à l'Institut œno-chimique de Vienne (Autriche), avait reconnu, à la fin d'août dernier, ainsi qu'il l'a annoncé au récent congrès de Montpellier, la présence d'un très-grand nombre de nymphes du *Phylloxera* sous les écorces des pieds de vignes, à 4 ou 5 centimètres du sol, et l'époque qu'il indique correspond chez nous à la fin de juillet, en raison de la différence de maturité du raisin en France et en Autriche. M. Terrel des Chênes assure de son côté avoir observé dans le Beaujolais, à Villié-Morgon, le 13 octobre dernier, de grandes quantités de jeunes *Phylloxera* logés sous l'écorce, jusqu'à 20 centimètres au dessus du sol, les plus petites larves à la station la plus haute, les insectes plus âgés au dessous, plus bas des adultes, avec un petit nombre de femelles pondeuses, la partie souterraine des pieds étant couverte de femelles occupées à pondre. Un viticulteur bordelais, présent au Congrès, dit avoir fait une observation analogue dans la Gironde.

M. Terrel des Chênes suppose qu'en août s'opère une émigration ascendante des insectes devant donner des femelles fécondes ailées et aptères, puis, la reproduction opérée, aurait lieu inversement une descente vers les retraites souterraines, à la fin de septembre ou au commencement d'octobre, suivant la température ambiante.

En admettant que l'observation soit exacte, sans erreur de détermination, il reste à se demander si l'on est en présence d'un phénomène général, ou si le fait est accidentel et rare. Je crois devoir poser l'état de la question à la Société, sans faire ni prévision ni jugement préconçu. C'est à l'observation de l'été de 1875 à répondre ; mais tous nous comprenons l'importance qu'il y aurait à avoir le *Phylloxera* hors de terre pendant six à huit semaines, c'est-à-dire l'ennemi à notre portée et pouvant être efficacement détruit.

(Séance du 25 Novembre 1874.)

M. Maurice Girard annonce qu'il vient de recevoir de notre collègue M. Henry Delamain, de Jarnac (Charente), l'avis de la trouvaille en terre de Hannetons vivants et adultes. Ce fait, ajoute M. Girard, se produit assez habituellement en automne dans les années chaudes, se trouve cité plusieurs fois dans nos Bulletins, et a été rappelé par moi dans mon Traité d'Entomologie, à propos du genre *Melolontha*.

Dans une seconde lettre, M. Delamain ajoute ce détail intéressant que ces éclosions précoces sont cette année en nombre considérable dans la Charente, puisque, dans une prairie devant Jarnac, on a trouvé à quelques centimètres sous le sol une quantité assez abondante de ces Coléoptères adultes pour remplir au moins 5 litres.

(Séance du 23 Décembre 1874.)

M. Maurice Girard prend la parole à l'occasion de l'éducation de métis d'*Attacus yama-maï* et *Pernyi*, faite en 1874 avec grand succès par M. Berce, et des objections de M. Goossens à cet égard. Il fait remarquer que les métis observés par M. Goossens, et provenant de M. Bigot, éducateur de Vers à soie du chêne à Pontoise, étaient de première génération, et dès lors il était naturel de trouver des différences avec le type *Pernyi* dans les petites chenilles. Si cette distinction n'avait plus lieu sur les chenilles de divers âges de l'éducation de M. Berce, c'est que celui-ci a élevé une troisième génération au moins d'hybrides, les précédentes ayant eu lieu en 1873, à Prague (Bohême), chez M. Haury. Il n'y avait plus que les cocons qu ifussent bien distincts de ceux du *Pernyi*. En effet, le métis retourne peu à peu à cette dernière espèce, suivant la loi connue, en zoologie et surtout en botanique, des hybrides féconds entre espèces très-voisines, mais toutefois bien distinctes, comme le sont les *Attacus yama-maï* et *Pernyi*. On n'est donc nullement autorisé à conclure, comme incline à le croire M. Goossens, que M. Berce n'a élevé qu'une race de *Pernyi*, et non des métis.

Les faits modernes de l'hybridité féconde, avec retour à une des espèces, peuvent parfois contrarier les classifications; mais nous devons, avant tout, accepter la nature telle qu'elle est, et non comme il nous plairait mieux de la voir agir.

M. Maurice Girard fait passer sous les yeux de la Société une série de nombreux sujets d'une espèce très-répandue de Lépidoptères Rhopalocères, le *Satyrus* (sous-genre *Pararga*) *Egeria* Linné.

Deux séries de ces papillons appartiennent complétement à la variété méridionale *Meone* Hübner, à fond d'un fauve ardent, qui s'étend non-seulement sur les taches claires, mais même sur les bandes noires; l'une est de Montpellier (Hérault), l'autre formée par des sujets d'automne de Cognac (Charente), sans aucune différence appréciable, bien que les climats des deux localités soient forts différents.

Une troisième série est formée par le type de Paris, à taches d'un jaune plus ou moins testacé.

Enfin, la série la plus intéressante, parce qu'elle constitue un passage manifeste entre *Egeria* type et *Meone*, est donnée par les sujets récoltés, en automne, à Granville (Manche), sur les limites de la Bretagne et de la Normandie.

Un certain nombre sont pareils aux individus de nos bois parisiens; mais les autres, à peu près en même proportion, ont les taches d'un fauve plus ou moins vif, parfois aussi intense que chez les *Meone* vrais. Toutefois, les bandes noires restent aussi nettes et aussi larges que dans le type, ce qui fait que les sujets de passage des côtes du nord-ouest sont réellement plus rapprochés d'*Egeria* type, que de la variété *Meone*.

Il faut remarquer que ces divers aspects se reconnaissent encore bien nettement sur les sujets usés et décolorés par la lumière; les teintes des taches claires pâlissent, mais leurs nuances restent distinctes.

NOTE

SUR LES

Mœurs des Mélipones et des Trigones du Brésil,

Par M. Maurice GIRARD.

(Séance du 9 Décembre 1874.)

Dans un séjour à Bordeaux, au commencement de novembre 1874, j'ai eu l'occasion de visiter le rucher d'un apiculteur distingué, M. Drory, et d'examiner les nombreuses espèces de Mélipones et de Trigones qui furent élevées chez lui en 1873 et 1874, et dont quelques-unes vivaient encore, malgré la saison avancée. Ces insectes avaient tous été récoltés par M. Brunet, aux environs de Bahia (Brésil). J'ai pu faire moi-même un certain nombre d'observations, et j'ai recueilli, pour d'autres, le témoignage de M. Drory. Ce savant apiculteur a publié une partie de ses études sur une seule espèce (1); le reste est inédit, à ma connaissance.

La Mélipone scutellaire (*Melipona scutellaris* Latr.), la plus grande des Mélipones, est la seule qui soit soumise, au Brésil, à la domestication ; car elle produit beaucoup de miel, et de la meilleure qualité. Les autres espèces ont un miel inférieur, et certaines donnent des miels purgatifs ou vénéneux, soit par leur origine de certaines fleurs, soit par une élaboration spéciale à l'insecte. On sait maintenant, en effet, que les miels des divers Hyménoptères mellifiques diffèrent et ont subi un léger travail interne, bien moindre toutefois que celui de la cire. Le miel des Mélipones, en particulier, est autre que celui de l'*Apis mellifica,* introduite dans les pays tropicaux, et cependant ces insectes butinent tous dans les mêmes fleurs. De même nos Bourdons ont un autre miel que nos Abeilles.

(1) E. Drory, Quelques observations sur la Mélipone scutellaire. Broch. in-8°. Bordeaux, 1872.

La femelle adulte et féconde de *M. scutellaris* a le ventre énorme, gonflé et blanchâtre, avec des raies brunes, par extension considérable des anneaux, élargi transversalement et traînant, tandis qu'il ne s'étend qu'en longueur chez la reine-abeille; les œufs de la Mélipone sont plus gros que ceux de l'Abeille, quoique sa taille soit moindre. Chaque ruche renferme, en outre, plusieurs femelles vierges, plus petites, moins élégamment ornées que les ouvrières, et des mâles, reconnaissables tout de suite à leur face blanchâtre, tandis qu'elle est rousse chez les ouvrières et les femelles. Il est probable, d'après M. Drory, que les femelles vierges pondent des œufs de mâles, comme cela arrive pour les femelles vierges du *Polistes gallicus* (Hymén., Vespiens), nées des premiers œufs de la femelle fécondée qui a passé l'hiver, et aidant la mère dans l'édification du nid qu'elle a commencé seule au printemps.

La Mélipone scutellaire s'élève fort bien dans des caisses de bois, en forme de parallélipipède, comme on l'a vu au Muséum, en 1863, où l'on conserva les insectes vivants, dans une de ces ruches, jusqu'aux premiers froids du mois d'octobre, et comme aussi se trouvaient les colonies de 1874, qu'on y a pu voir au Jardin d'Acclimatation et à l'Exposition des Insectes aux Tuileries.

De grandes différences avec l'Abeille existent, ainsi qu'on le sait, dans la construction intérieure. Au lieu des gâteaux verticaux et à cellules horizontales du genre *Apis*, la Mélipone façonne des étages superposés de gâteaux à couvain orbiculaires et horizontaux, de diamètre décroissant, soutenus par de forts piliers de cire, et à cellules verticales. L'ensemble des gâteaux est entouré par une enveloppe de feuillets multiples de cire, ne se touchant pas, véritable labyrinthe à travers lequel les Mélipones savent parfaitement trouver leur chemin lorsqu'elles ont à s'occuper du couvain.

Les réserves de miel et de pollen sont placées en dehors du couvain, dans des amphores arrondies, qui ont la grandeur d'un œuf de pigeon chez *M. scutellaris*. Ces réservoirs, de forme toute différente des cellules à larves et bien plus vastes, sont un fait général, propre à tous les nids de Mélipones et de Trigones, et toujours bien séparés du couvain.

On observe encore, dans le nid de *M. scutellaris*, qu'un boyau de cire part du trou d'entrée et conduit au nid à couvain, de sorte que l'insecte y chemine, à la façon des Termites des Landes et des Charentes, dans leurs tubes de sciure de bois. C'est la collerette extérieure de ce tube que j'ai signalée autour du trou d'entrée dans la petite espèce du Jardin d'acclimatation, *M. postica* Latr. ou *dorsalis* Smith (Bull. des séances de la Soc. entom. Fr., n° 32, 22 juillet 1874). Il est probable que ce tuyau, qu'on trouve dans les nids de toutes les espèces de Mélipones et de Trigones, sert à rendre tout accès de lumière impossible à l'intérieur et s'oppose à l'introduction des insectes ennemis.

Un grand nombre de faits semblent indiquer chez *M. scutellaris* des instincts, je dirai presque une intelligence, supérieurs à ce que nous trouvons pour les Abeilles. La mère unique ou femelle fécondée s'occupe beaucoup plus de sa progéniture que la reine-abeille. Dès que les ouvrières construisent les cellules à couvain, elle vient inspecter les travaux ; quand elle arrive devant une ouvrière, celle-ci s'arrête subitement et s'incline, comme avec respect, devant la mère, qui agite fréquemment les ailes. Elle touche de ses antennes l'ouvrière sur la tête, comme si elle lui donnait sa bénédiction ; c'est ou un ordre ou un encouragement au travail. Dès qu'une cellule est terminée, la mère y grimpe avec difficulté, vu son gros ventre, et plonge au fond la tête et le corselet pour vérifier l'ouvrage. Des ouvrières viennent se placer successivement devant elle, qui les touche des antennes. L'ouvrière, comme si elle avait reçu la permission, plonge aussitôt la tête jusqu'au fond de la cellule, puis en sort et se retire avec célérité, afin d'aller aux amphores à provisions. Chaque ouvrière qui plonge la tête dans la cellule y apporte le mélange de pollen et de miel qui servira de pâtée à la larve. De temps à autre, la mère constate les progrès de l'emmagasinage, en enfonçant la tête à son tour. Quand la cellule hexagonale est suffisamment remplie, la mère introduit son abdomen à l'intérieur, et y pond un œuf en forme de gourde, ayant environ 3 millim. de long sur 1 millim. 25 de large, d'un blanc un pen bleuâtre, reposant verticalement sur le fond de pollen, et entouré d'une couche superficielle de miel liquide. Elle se retourne pour voir si l'œuf est bien placé, et recommence son manége à la cellule voisine. Aussitôt la ponte opérée, une ouvrière se précipite dans la cellule pour façonner l'opercule de cire protecteur. Elle introduit son abdomen à l'intérieur, entre la paroi et l'œuf central, puis tourne tout autour en mordant le bord élevé, afin de l'aplatir en couvercle. Elle semble faire avec l'abdomen, en dedans, le contre-coup de la pression que les mandibules exercent au dehors, à la façon du chaudronnier qui rive extérieurement pendant que son aide fait le contre-coup en dedans. Quand l'orifice de la cellule est devenu trop étroit pour qu'elle continue ainsi, elle retire son abdomen, et achève de boucher le petit trou qui reste avec ses mandibules et ses pattes antérieures.

Il y a une différence considérable d'avec ce qui se passe chez les Abeilles. La pâtée, mesurée de la manière la plus exacte pour le développement complet de la larve, est déposée à l'avance par les Mélipones, comme le fait la mère unique chez les Mellifiques solitaires, Xylocopes, Osmies, Anthophores, etc., tandis que l'œuf de la reine-abeille est pondu dans des cellules qui ne renferment ni miel ni pollen, la petite larve étant nourrie jour par jour par les ouvrières, qui ne mettent l'opercule qu'après l'évolution complète du ver, qui n'a plus qu'à subir la nymphose.

M. Drory a reconnu, dans ses ruches d'observation vitrées, que les Mélipones ventilent la ruche à la façon des Abeilles, mais à l'intérieur du trou d'entrée seulement; il est resté incertain sur la question de savoir si elles incubent leur couvain pour l'échauffer, ainsi que le font les Abeilles et les Bourdons (G. Newport).

Pour conserver les Mélipones vivantes en hiver, il faut que la température de leur ruche ne tombe pas au-dessous de 20°, et encore sont-elles peu actives. On ne pourra jamais songer à les acclimater en France, ni même en Algérie. Au reste, à quoi servirait cette acclimatation, puisque la cire, ce produit si important des ruches, est, chez les Mélipones, grossière et sans valeur, et que le miel, trop aqueux, ne granule pas, et dès lors se conserve mal ?

Une curieuse découverte de M. Drory est celle qu'il a faite sur la manière dont les Mélipones se débarrassent des insectes ennemis, Guêpes ou Mouches, s'introduisant dans la ruche pour piller son miel parfumé. Les Mélipones, dont l'aiguillon est tout à fait rudimentaire, ne peuvent percer le parasite aux jointures des anneaux, et le tuer de leur venin ; elles se roulent sur lui et lui entourent la tête avec une grosse boulette de propolis gluant. L'insecte, en cherchant à retirer ce masque qui le prive de ses sens, s'y colle les pattes et les ailes, et meurt ensuite de faim ; son cadavre, dépecé, est jeté au dehors par les Mélipones.

Les Mélipones voient mieux et bien plus latéralement que les Abeilles, comme le prouvent un grand nombre de faits. A l'entrée du trou de la ruche, trou qui demeure toujours très-petit, au moyen d'un rempart de cire convenable, chez *M. scutellaris,* se tient une sentinelle, sortant seulement la tête hors du trou, agitant continuellement les antennes et remuant la tête de côté et d'autre. J'ai vu, en approchant le doigt, qu'elle le suit dans ses mouvements, et tourne toujours de son côté, ce que ne fait pas la sentinelle de l'Abeille, qui ne voit pas ausssi loin, seulement de face, et non de côté. Autant de fois on approche le doigt, autant de fois la Mélipone fait un mouvement de recul; car elle est craintive, se sachant désarmée. Si on l'agace avec une paille, elle la saisit à la façon du grillon.

Quand une Abeille irritée s'élance sur vous, on l'évite aisément si on se baisse ou si on fait un brusque mouvement de côté; il n'en est pas de même de la Mélipone, qui ne cesse de vous voir et de vous suivre. Quand les Abeilles rentrent des champs à la ruche, chargées de butin, elles volent en ligne droite vers le trou d'entrée, arrivent en hâte à leurs rayons pour déposer leur charge précieuse, et s'envolent aussitôt pour un nouveau labeur. La Mélipone qui rentre à la ruche reste, au contraire, immobile en l'air pendant quelques secondes, à 25 ou 30 centimètres de distance, puis se jette précipitamment en haut ou en bas, ou bien de côté, en tenant les antennes droites et divergentes, puis se rapproche tout à coup du trou d'entrée, se pose, et disparaît aussitôt dans l'habitation, la sentinelle s'écartant, vu l'étroitesse de l'orifice d'entrée. Quand on change de place une ruche d'Abeilles, celles-ci, avant de s'envoler définitivement, font de nombreux circuits autour de la ruche, afin de la bien reconnaître. Au contraire, dans le même cas, c'est à peine si les Mélipones font un léger circuit; elles partent presque du premier coup, se confiant à une vue meilleure pour retrouver la place de leur habitation. C'est ce qu'a bien des fois constaté M. G. de Layens, qui donnait ses soins à la ruche de *M. scutellaris* de l'Exposition des Insectes, et la mettait presque chaque matin à une place différente. Il a vu aussi, en leur présentant le miel qui servait à les nourrir, que les Mélipones restent en cercle tout autour et ne s'engluent pas, tandis que, en pareille circonstance, les Abeilles, plus gloutonnes ou moins intelligentes, ne tardent pas à s'empêtrer les pattes et à se noyer dans le miel, si on ne le recouvre pas avec de la paille. Un bon moyen de nourrir les Mélipones, quand les fleurs manquent au dehors, c'est de mettre du miel dans les amphores de leur ruche.

C'est dans le nid de *M. scutellaris* seule que vit le Coléoptère parasite que je fais connaître sous le nom de *Scotocryptus meliponæ*. J'en ai retrouvé à Bordeaux, mais morts. M. Drory l'a vu, en été, vivant et courant dans le nid, et d'un noir bleuâtre très-brillant. Il paraît se nourrir de détritus et d'excréments de Mélipones, régime qui se rapporte bien à la place que je lui ai assignée dans les Silphiens, non loin des *Catops*. Comme cet insecte est complétement aveugle et aptère, je suppose que les très-petites larves s'attachent aux poils des Mélipones qui essaiment, de sorte que l'espèce est ainsi transportée dans les nouvelles colonies.

Dans les ruches de toutes espèces de Mélipones et aussi de Trigones, élevées par M. Drory, se trouve, en outre, un grand Diptère ; enfin, plusieurs de ces ruches étaient attaquées par la plus petite de nos Galléries de la cire (*colonella*), provenant des nombreuses ruches d'Abeilles du voisinage.

Une Gallérie particulière, bien plus petite, mais dont je n'ai que des sujets très-frottés, non déterminables, vit normalement dans le nid de *Melipona bilineata* Say. Elle construit un amas de cocons, de soie mêlée de cire, cocons oblongs, déprimés, accolés les uns contre les autres, et desquels la chrysalide se hisse en entier au dehors, à la façon de celle des Sésies. Cette *M. bilineata* est une espèce fort rare, et qui sécrète la cire *sur le dos,* et non sous le ventre, comme les Abeilles.

Le *Trigona cilipes* Latr. présente la femelle fécondée avec un abdomen des plus gonflés ; il y a des ouvrières à dos blanc, d'autres à dos marron, et, enfin, d'autres à dos gris. Le couvain de cette petite espèce est très-irrégulier, en forme de grappe ou de réseau, et non entouré, comme à l'ordinaire, d'une enveloppe labyrinthique de feuillets de cire.

C'est chez le *Trigona angustula,* la Demoiselle blanche des Brésiliens (*Moça blanca*), que j'ai vu le boyau d'entrée de cire le plus considérable ; il était flexueux et contournait tous les angles de la boîte.

Ce qui est, sans contredit, le plus singulier, nous est offert par les mœurs du *Trigona crassipes* Latr. Cette espèce établit toujours ses cellules à couvain dans les creux d'une termitière, vivant pacifiquement au milieu de Termites, dont la taille est à peu près celle de notre *Termes lucifugus* Rossi, des Landes et des Charentes. Les termitières à *T. crassipes* sont souterraines et en terre maçonnée autour des racines d'arbre ; les Hyménoptères les entourent de cire et de propolis.

Les Mélipones et les Trigones sont assez souvent en hostilité individuelle. Il y a des combats entre *Melipona scutellaris* et *M. marginata,* entre *M. postica* ou *dorsalis* et *Trigona flaveola,* entre *M. postica* et *T. angustula* ; enfin, entre *T. angustula* et *Apis mellifica.*

Les petites Mélipones et les Trigones sont très-violentes et portées à la colère ; elles se jettent au visage et aux cheveux de quiconque s'approche de leur ruche. A défaut d'aiguillon, elles mordent avec leurs mandibules, et une salive âcre fait naître des ampoules.

Voici les noms des espèces de Mélipones et de Trigones élevées à Bordeaux par M. Drory :

Melipona scutellaris Latr.; l'*Abelha urussu* des Brésiliens.

M. marginata, appelé dans son pays *Urussu mirim* ; plus petite que la précédente.

M. bilineata Say ; l'*Urussu mumbuca* ; presque de la taille de *M. scutellaris.*

M. atratula Illig. ou *M. muscaria* Gerstäcker, vulgairement *Timba preta* ; à peu près de la même taille que les précédentes.

M. postica Latr. ou *dorsalis* Smith, vulgairement *Timba amarella* ; d'assez forte taille encore.

M. geniculata, Mus. Ber., *Inhati mosquita* du Brésil ; très-petite.

Melipona ? Inhati mirim ; excessivement petite.

Trigona crassipes Latr.

Tr. cilipes Latr.

Tr. flaveola, Mus. Ber.

Tr. angustula Illig., *Moça blanca* des Brésiliens.

Ces quatre espèces de Trigones sont très-petites.

Un travail vient d'être publié dans le recueil allemand : *le Jardin zoologique,* 16e année, n° 2, Francfort, février 1875, par M. Hermann Müller, de Lippstadt. Il a pour titre : Sur l'utilité d'introduire dans les jardins zoologiques les Abeilles sans aiguillon du Brésil. Il doit se trouver dans ce travail des faits communs avec celui que je présente ; mais j'ai soin de faire remarquer que la notice sur les mœurs des Mélipones et des Trigones du Brésil a été lue à la séance de la Société entomologique de France du 9 décembre 1874. — M. G.

NOTE

SUR LE

Genre SCOTOCRYPTUS (Coléoptères)

ET

DESCRIPTION DU **S. meliponae** Girard,

Par M. MAURICE GIRARD.

(Séance du 10 Juin 1874.)

Genre **Scotocryptus.**

Corps convexe, ovale, tête privée d'yeux, plus large que longue, tronquée antérieurement, subangulée sur les côtés.

Antennes de onze articles inégaux, les cinq derniers en massue peu accusée, les premiers articles se cachant au repos dans un sillon placé sous la tête.

Labre court, transverse, trapézoïdal; mandibules larges, incisées près de la pointe; mâchoires à deux lobes frangés, l'externe plus large et plus long; menton trapézoïde, lèvre allongée, subovale; palpes des deux sortes courts et de trois articles subégaux, le dernier tronqué au sommet.

Corselet large, rétréci en avant; écusson très-petit, trigone; élytres plus larges en avant, rétrécies et arrondies en arrière; pas d'ailes.

Cuisses larges; jambes allongées, épineuses au sommet; tous les tarses exactement de trois articles inégaux, sans article rudimentaire, noduliforme.

Abdomen petit, à segments de largeur décroissante, subégaux en longueur.

Le genre *Scotocryptus* réunit un ensemble de caractères qui rend sa place incertaine dans la série naturelle. Il forme un de ces nombreux genres aberrants pour lesquels la méthode tarsale est absolument sans emploi. Les grandes divisions des Coléoptères, bien caractérisées par les tarses, admettent aujourd'hui des exceptions fréquentes, où l'on doit rechercher des affinités tirées de la conformation générale et des mœurs. On serait tenté d'y voir un insecte appartenant aux Nitidulides par sa forme en boule, rappelant les *Cybocephalus* Erichson; mais ce genre a quatre articles aux tarses, ainsi que les genres *Clambus* et *Agathidium* du même groupe. Les Nitidulides aiment les matières qui fermentent, ce qui s'accorderait avec des insectes attirés par le miel des Mélipones. Le nombre rigoureusement trimère des articles des tarses établit une différence. Dans les Anisotomites, où certaines espèces se mettent en boule, et dont Jacquelin du Val fait une tribu des Silphides, la tête est différente et bien plus engagée dans le corselet, et les articles tarsaux sont très-variables en nombre; parmi eux, le genre *Agaricobius* est trimère aux tarses postérieurs, ce qui établirait une analogie sous ce rapport. La forme voûtée et convexe est analogue à celle des *Myrmecobius*, genre que M. H. Lucas place près du genre *Thorictus*, type des Thorictides, d'après une espèce trouvée à Bone, dans l'est de l'Algérie (Exploration de l'Algérie, p. 234); mais les *Myrmecobius* ont cinq articles à tous les tarses et non trois. La forme rappelle aussi d'autres parasites d'Hyménoptères, les *Oochrotus*, genre Hétéromère, dont le type, *O. unicolor* Lucas, vit dans les fourmilières (Ann. Soc. ent. Fr., 1852, Bull., p. XXIX).

M. Ch. Brisout de Barneville, d'une compétence si reconnue pour les petites espèces de Coléoptères, regarde l'insecte sur lequel a été établi le genre *Scotocryptus* comme appartenant à la tribu des Silphiens, et voisin des *Catops* et des *Adelops*. Les *Catops* sont pentamères dans les deux sexes, et les *Adelops* ont quatre articles seulement aux tarses antérieurs des femelles et de beaucoup de mâles, et sont pentamères chez certains mâles; ainsi celui de l'*A. meridionalis*. L'antenne des *Scotocryptus* est une antenne de Silphien terminée par une massue de cinq articles, le second plus étroit. Il semble se présenter une difficulté pour les palpes maxillaires. Ils sont exactement de trois articles, sans que le microscope fasse apercevoir dans la pièce, très-bien préparée par M. Bourgogne, une segmentation à la base du premier article. Or, Jacquelin du Val, dans sa diagnose des Silphides, indique des palpes maxillaires de quatre articles; mais, en examinant les détails anatomiques dans les planches consacrées à cette famille, on peut reconnaître que le premier article est très-petit, en véritable rudiment. Il peut donc disparaître, par atrophie complète, sans que l'insecte cesse d'appartenir au type de la tribu des Silphiens, dans laquelle nous pensons qu'il doit être rangé, ce groupe admettant, tel qu'on le comprend aujourd'hui, toutes les variations des tarses. J'ai vu, dans la collection de M. Ém. Deyrolle, une petite espèce brésilienne, encore innommée, de forme voisine des *Scotocryptus,* et dont les tarses très-petits paraissent de deux articles très-unis. L'étude des Microcoléoptères exotiques est à peine ébauchée, et promet sans aucun doute de très-intéressantes découvertes aux entomologistes, les mœurs si variées de cet ordre d'insectes devant amener une grande diversité d'organisation.

Le genre *Scotocryptus* est établi sur une espèce, le *S. meliponæ* Girard, dont voici la description :

Scotocryptus meliponæ Girard.

Long. 4 mill., larg. médiane 2 /12 mill.

Corps en entier d'un noir de poix assez brillant, d'un noir bleuâtre très-brillant pendant la vie.

Antenne ayant les sept premiers articles obconiques allongés, premier et deuxième plus épais, troisième le plus long ; quatrième, cinquième et sixième subégaux ; puis les quatre premiers de la massue obconiques courts ; septième et neuvième subégaux, huitième plus petit et plus étroit ; dixième plus large ; enfin, onzième terminé par un bouton sphéroïde ; chaque article porte un verticille de poils.

Yeux nuls, même non représentés par une tache aplatie et sans facettes, comme chez certains Coléoptères cavernicoles.

Labre large transversalement, en trapèze, très-légèrement incisé au milieu en avant ; mandibule large, avec une profonde incision près de la pointe, de manière à offrir une dentelure inférieure arrondie et la supérieure subconcave et large ; palpes maxillaires à article premier un peu plus court que le deuxième, l'article troisième rétréci et tronqué au sommet ; palpes labiaux à trois articles subégaux en longueur, le dernier rétréci au sommet ; avec un fort grossissement, on voit très-bien, au bout tronqué des palpes de chaque sorte, une légère excavation, qui indique très-probablement la présence, sur l'insecte vivant, d'une pelote tactile, tombée lors de la dessiccation.

Pronotum très-large, laissant la tête presque entièrement libre, rétréc en avant et offrant le bord antérieur bisinué de chaque côté, subangulé latéralement en arrière ; écusson très-petit, bien visible par grossissement ;

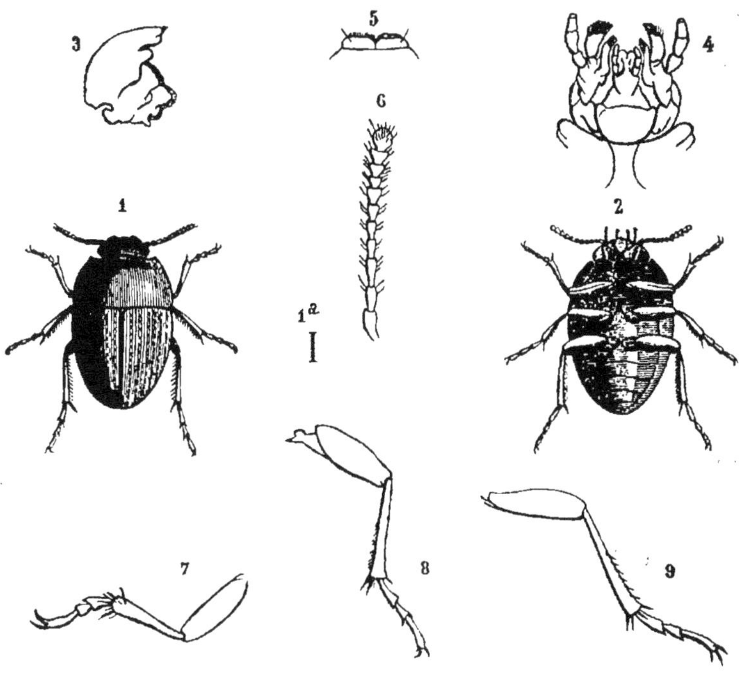

LÉGENDE.

Fig. 1. *Scotocryptus meliponæ* vu en dessus.
1 *a*. — — Sa grandeur naturelle.
2. — — Vu en dessous.
3. Mandibule.
4. Mâchoire, lèvre inférieure et palpes des deux sortes.
5. Labre.
6. Antenne.
7. Patte antérieure.
8. Patte intermédiaire.
9. Patte postérieure.

élytres recouvrant entièrement l'abdomen, offrant au-dessus six rangées régulières de petits points enfoncés ; pas d'ailes.

Hanches des pattes antérieures très-rapprochées ; cuisses élargies, oblongues ; jambes plus longues que les cuisses, allant en s'élargissant graduellement, terminées par de fortes épines, les postérieures un peu arquées ; tarses tous de trois articles, sans que de forts grossissements fassent apercevoir aucun nodule ou article supplémentaire, comme on le voit chez tant de Coléoptères tétramères ou trimères au premier aspect. Le premier article est presque double en longueur du second, le troisième est presque aussi long que les deux premiers réunis. Il porte deux griffes subégales ; aux tarses intermédiaires et postérieurs, cet article offre au côté interne, à l'extrémité, une légère pointe ou épine.

Cette espèce justifie tout à fait par ses mœurs le nom du genre, qui signifie : caché dans les ténèbres. Elle vit dans l'intérieur des ruches de Mélipones, de l'espèce *Melipona scutellaris* Latr., dans les environs de Bahia, au Brésil : et cela est tout à fait en rapport avec l'absence d'ailes et une cécité complète.

L'intérieur des nids de Mélipones est, en effet, tout à fait privé de lumière, en raison des artifices divers que ces insectes emploient pour cet objet à l'égard du trou de sortie (voir Bull., n° 32, séance du 22 juillet 1874). Il y avait trois sujets de cette espèce dans un envoi fait à la Société d'acclimatation par un de ses membres, M. Brunet, qui réside aux environs de Bahia. Il avait récolté, outre de nombreuses espèces de Mélipones et de Trigones, un grand nombre d'autres insectes trouvés dans les ruches, tels que diverses Fourmis, des larves de Diptères, des Crustacés Isopodes, etc. Il n'y avait pas d'autre Coléoptère que les *Scotocryptus*. Le sujet, disséqué par M. Bourgogne pour le dessin des détails anatomiques, était une femelle, comme on l'a reconnu aux valves vulvaires.

D'autres sujets m'ont été donnés à Bordeaux par M. Drory, qui en avait, je crois, trouvé sept dans ses ruches de *Melipona scutellaris*.

(Séance du 24 Février 1875.)

M. Maurice Girard communique la note suivante :

Dans une lettre que j'ai reçue de notre collègue M. H. Delamain, de Jarnac (Charente), celui-ci fait connaître qu'il a régné dans ce pays, en janvier 1875, une température de printemps. Aussi les Hannetons, dont il avait constaté la présence sous terre en octobre et à l'état adulte, se sont-ils décidés à sortir dans la seconde quinzaine de janvier, et il en a pris plusieurs voltigeant le soir sur les touffes de rosiers, plantes dont les vers blancs affectionnent les racines. C'est un fait qui s'est présenté plusieurs fois en janvier, notamment en Suisse, en 1834.

(Séance du 28 Avril 1875.)

M. Maurice Girard présente quelques observations à propos de la note de M. Mac Lachlan (Bull., p. LXXVII) sur le genre *Helicopsyche*, de la tribu des Phryganiens, genre très-curieux et très-peu connu, qui est signalé par les auteurs comme appartenant à l'Europe, à l'Amérique du Nord, à la Nouvelle-Zélande, à la plupart des pays, surtout tropicaux.

Il y a une remarquable analogie dans la forme des fourreaux turbinés et dans leur fabrication au moyen de grains sableux ou calcaires agglutinés, avec les fourreaux de véritables Lépidoptères, de la tribu des Psychides, du genre *Epichnopteryx* (voir Millière, Iconogr., t. III, p. 371), au point que la vue des fourreaux seuls ne permettrait pas de trancher la question entomologique au sujet des deux ordres d'insectes. Il faut remarquer que si les *Helicopsyche* vivent au bord des ruisseaux, dans l'eau ou peut-être parfois dans la terre très-humide, l'*Epichnopteryx helicinella* Herr.-Sch. habite au contraire souvent les lieux les plus secs ; je l'ai rencontrée, il y a déjà longtemps, à Lardy, à Bouray, sur les rochers de grès à ciment calcaire, et elle est bien connue dans ces localités par beaucoup d'entomologistes parisiens ; elle est très-commune aussi sur les pierres de la tour de Poquency (M. Poujade). On ne trouvera pas de différence notable pour les fourreaux, si l'on examine les fourreaux pierreux de deux petites espèces du Mexique, rapportés d'Orizaba par M. Sallé, qui sont des *Helicopsyche* et qui appartiennent à la collection du Muséum, toujours ouverte avec tant d'obligeance pour toutes les vérifications. L'un d'eux, très-régulièrement turbiné, à tours anguleux, ressemble tout à fait à une petite Carocolle, subdivision des Hélices.

Ces analogies, plus considérables que pour les autres fourreaux, établissent un nouveau point de rapprochement entre les Lépidoptères et les Phryganiens ou Trichoptères, dont les auteurs anglais font un ordre intermédiaire entre les Lépidoptères et les Névroptères vrais à métamorphoses complètes, ces Phryganiens ayant des poils sur les ailes (véritables homologues anatomiques des écailles des papillons), les pièces buccales atrophiées, surtout les mandibules, comme beaucoup de Lépidoptères, etc.

(Séance du 26 Mai 1875.)

M. Maurice Girard écrit de Saintes qu'il vient de parcourir le département de la Charente pendant plusieurs jours, et qu'il a été frappé de la destruction presque complète des feuilles des pommiers et en partie de celles des pruniers. Ce n'est plus exclusivement, comme l'année dernière, par l'*Yponomeuta malinella* que ces plantes sont attaquées, mais plutôt par les chenilles du *Bombyx neustria* et un peu également par celles du *Liparis dispar*.

Le point le plus intéressant que je dois mentionner, c'est que les arbres des Charentes, principalement les pommiers, ont eu leurs feuilles prématurément détruites par la Livrée (*Bombyx neustria*), de sorte que l'Yponomeute, éclose un mois après, n'a plus trouvé de nourriture ou à peine quelques pétioles de feuilles. Aussi les toiles ne contiennent que trois ou quatre chenilles au lieu d'une cinquantaine, et ce fait est de nature à diminuer beaucoup l'an prochain cette funeste espèce. La destruction anticipée de la nourriture par une autre espèce doit être une des causes de la disparition spontanée d'une espèce nuisible, et jouer son rôle harmonique dans l'équilibre des êtres.

(Séance du 14 Juillet 1875.)

M. Maurice Girard communique, par l'entremise de M. H. Lucas, la note suivante :

J'emploie à chasser aux insectes le peu de temps que me laisse la mission que je remplis dans le S.-O. de la France. J'ai eu le plaisir de prendre aux environs d'Angoulême, dans les premiers jours de juin, une aberration de *Satyrus janira* (le Myrtil). Elle rentre dans les albinismes, mais avec une régularité qui empêche de voir uniquement dans la disparition partielle du pigment des ailes un accident de nymphose, comme une insolation. Il y a tendance à des dessins nouveaux. Chaque aile supérieure présente, vers son milieu et au-dessous de la nervure sous-costale, une large tache blanchâtre, irrégulièrement triangulaire, et cette macule, formée par la membrane alaire dépourvue de matière colorante, se voit encore plus nette et plus tranchée sur le fond jaune ocreux du dessous de l'aile. La même absence de pigment, mais moins marquée, en tache oblongue sur la partie antérieure du disque, existe à chaque aile inférieure.

J'ai également capturé un certain nombre d'insectes dont quelques-uns sont étrangers aux environs de Paris; ainsi, à la même époque, les *Cetonia marmorata* et *morio* sortant du tronc d'un vieux saule où avaient vécu leurs larves, et l'*Anthocharis ausonia*, assez abondant dans les jardins maraîchers des faubourgs d'Angoulême. Je voyais voler en même temps l'*Apatura ilia* (Petit Mars), type noir et variété orangée, un mois plus tôt que près de Paris. Le Grand Mars (*Apatura iris*) fait défaut. Vers la fin du même mois de juin, je trouvais sur les fleurs de chardons du haut plateau de Mondot-Saint-Émilion (Gironde) les *Strangalia attenuata, Leptura hastata*, etc.

(Séance du 13 Octobre 1875.)

M. Maurice Girard présente à la Société le premier numéro d'un publication nouvelle sous le titre de *Bulletin d'Insectologie agricole*. Elle est destinée exclusivement aux observations sur les insectes utiles et sur les insectes nuisibles, et aux moyens de prévenir ou d'atténuer les dégâts de ces derniers. Il fait ressortir les services que peut rendre à l'industrie et à l'agriculture un journal de ce genre, et rappelle que des recueils analogues existent depuis longtemps et avec succès dans plusieurs pays étrangers. Il annonce que les travaux d'entomologie appliquée des membres de la Société entomologique de France seront reçus avec reconnaissance et publiés promptement, en raison de l'autorité et de la compétence reconnues de notre Société.

(Séance du 22 Décembre 1875.)

M. Maurice Girard adresse les remarques suivantes au sujet des Myrméléontides du sud-ouest de la France :

La famille encore imparfaitement connue des Myrméléontides (Névroptères propres) réserve aux entomologistes d'intéressantes découvertes. J'ai eu l'occasion de vérifier les espèces de ces insectes en visitant les collections de nos collègues MM. Éd. Perris, à Mont-de-Marsan (Landes), et H. Delamain, à Jarnac (Charente).

On peut établir comme il suit la liste de nos espèces du Sud-Ouest : *Myrmelcon formicarius* et *formicalynx* Fabr., ou *innotatus* Rambur, tous deux des environs immédiats de Paris, et à larves à entonnoirs, le premier à ailes tachetées, le second à ailes immaculées, remontant plus au nord que l'autre, car je l'ai pris à Compiègne et il existe seul en Suède et en Sibérie ; tous les Fourmilions manquent en Angleterre ; *Formicaleo* (sous-genre de Brauer) *tetragrammicus* Pallas, grande espèce à ailes tachetées, à antennes bien plus longues que chez les précédents ; nous la trouvons à Fontainebleau et peut-être plus près de Paris ; elle est à espérer à Lardy et à Champigny ; ses larves ne creusent pas d'entonnoirs ; *Myrmeleon distinguendus* Rambur, petite espèce presque de taille moitié des précédentes, à ailes immaculées ; toutes ces espèces également de Mont-de-Marsan et des environs de Jarnac et Cognac, principalement de l'îlot sablonneux de Gardépée. M. Édouard Perris a pris en outre près de Mont-de-Marsan le *Megistopus flavicornis* Rossi, mais rarement, espèce d'aussi petite taille que la précédente et offrant une tache noire arrondie à l'aile inférieure. Par les antennes, ce genre établit un passage aux Ascalaphes.

Près des côtes du Sud-Ouest, dans les sables des dunes, ainsi à Arcachon, à Biscarosse, etc., mais non dans les localités intérieures précédemment nommées, se trouve l'*Acanthaclisis occitanica* de Villers, à larve blanche comme les sables où elle s'enfouit. J'ai plusieurs exemplaires de cette grande espèce pris aux environs de Saintes (Charente-Inférieure). Le magnifique et gigantesque *Palpares libelluloides* Linn., à grosse larve noire, ne se rencontre pas sur nos côtes océaniques du Sud-Ouest ; c'est une espèce à rechercher, par les ardents soleils, non loin du littoral méditerranéen.

Notes de l'année 1876.

(Séance du 8 Mars 1876.)

M. Maurice Girard fait hommage à la Société du premier fascicule du tome II de son Traité élémentaire d'Entomologie, comprenant les ordres des Orthoptères et des Névroptères.

Des diagnoses développées des principaux genres et la description succincte des espèces fondamentales permettront aux jeunes amateurs d'en commencer la collection aux environs de Paris.

Les Orthoptères sont divisés en deux sous-ordres : les Labiduroïdes, d'après les travaux récents de M. H. Dohrn ; les Orthoptères propres, pour lesquels l'auteur a mis à contribution les ouvrages de MM. L. Fischer de Fribourg, Brunner de Wattenwyl, L. Brisout de Barneville, Yersin, Henri de Saussure, Stål, et les auteurs américains MM. S. Scudder et Cyrus Thomas.

Les Névroptères, pour lesquels nous n'avions pas de travail d'ensemble depuis celui de Rambur, sont divisés en deux sous-ordres : les Pseudo-Orthoptères, à métamorphoses incomplètes, et les Névroptères propres, à métamorphoses complètes. Les premiers sont étudiés avec le secours des importants mémoires de MM. de Sélys-Longchamps, H. Hagen, Gerstäcker et Eaton, ce dernier pour les Éphémériens.

Les recherches de MM. H. Hagen, Fr. Brauer, Schneider, Haldeman, Packard, Mac-Lachlan et Meyer-Dür ont permis à l'auteur de présenter un grand nombre de faits à peine connus en France pour les Névroptères propres, spécialement les Hémérobiens et les Phryganiens ou Trichoptères, de sorte qu'une lacune, qui remonte à plus de trente ans dans les ouvrages didactiques de notre pays, se trouve ainsi comblée.

(Séance du 22 Mars 1876.)

M. Maurice Girard présente à la Société une série de grossissements microscopiques de divers Articulés, photographiés par M. Ravet, de Surgères (Charente-Inférieure) :

Bien que les photographies de ce genre ne puissent pas encore remplacer les dessins, elles seront souvent très-utiles pour les connexions des parties et les rapports de grandeur. On y remarque plusieurs Phylloxères avec le suçoir trifile par écartement des tiges latérales, un Tyroglyphe qu'on trouve de temps à autre sur les racines phylloxérées, la larve d'un *Typhlocyba* (Cicadelle) nuisible aux vignes, un *Gamasus*, un Acarien psorique du cheval, le *Symbiotus spathifer* Mégnin, de la tribu des Sarcoptides (voir Journal de M. Robin sur l'Anat. et la Physiol., numéro de juillet 1872); enfin un *Trichodactylus* L. Dufour, Acarien assez fréquent sur les Abeilles; c'est probablement le *T. osmiæ* L. Duf. (Ann. Sc. nat., 2e série, t. XI, p. 276), à pattes de la quatrième paire plus courtes que les autres et garnies d'une très-longue soie, trouvé sur les Osmies et sur la Xylocope. D'après M. Duchemin (Journal l'*Apiculteur*, 1865-1866, p. 145), cet Acarien se tient sur les fleurs, ainsi sur le Grand-Soleil, et les Mellifiques butinant, Abeilles et autres, le prennent à la façon des larves de Méloïdes, l'Acarien s'attachant à leurs poils par ses crochets recourbés. Cet Acarien est encore mal étudié : il est beaucoup plus petit que le *Braula cæca* Nitzch, Diptère pupipare, parasite de l'Abeille.

— Le même membre communique quelques faits relatifs à des parasites de la Mélipone scutellaire et de son nid, qui lui ont été remis par notre collègue M. E. Drory, de Bordeaux.

Sur le corps de cette Mélipone se trouve un Gamaside, c'est-à-dire un de ces Acariens à trachées et à stigmates, qui se rencontrent parfois errants et le plus souvent portés par des insectes très-variés et même par des mulots, se servant peut-être de ces animaux comme véhicules plutôt qu'étant à l'état de véritables épizoïques. M. le docteur Fumouze a bien voulu examiner les Gamasides de la Mélipone trouvés par M. Drory, en priant celui-ci d'en rechercher des individus vivants pour compléter un examen imparfait sur des sujets secs. Ce Gamase est très-probablement, m'écrit-il, une espèce nouvelle. Ce qui porte à le croire, c'est la situation du rostre, qui est tout à fait infère, c'est-à-dire inséré, comme chez les *Argas*, sur la face ventrale, entre les deux premières pattes, insertion nouvelle pour la famille des Gamasides, où le rostre est habituellement situé vers l'extrémité antérieure du corps.

Un autre fait à noter, c'est la forme singulière des poils que l'on remarque sur les bords latéraux du corps. Ils sont gros et courts, aussi gros à leur extrémité qu'à leur base. Une dernière particularité est relative à l'insertion des pattes. Chez les Gamases, les pattes fixées sur la moitié antérieure de la face ventrale se touchent, mais sont indépendantes. Chez le Gamase de la Mélipone scutellaire leur insertion est analogue, mais elles sont liées ensemble par une sorte de ligament chitineux en forme de fer à cheval, dont la convexité, qui est antérieure, supporte le rostre.

M. Maurice Girard pense que ces caractères motiveront la création rationnelle d'un genre.

Il a également reçu un Hyménoptère, sorti en abondance du nid des Mélipones scutellaires élevées à Bordeaux chez notre collègue M. Drory, depuis le mois de juillet 1875. C'est un Braconien, déterminé par M. J. Lichtenstein, d'un genre voisin des *Microgaster*. On ne peut dire, jusqu'à plus ample observation, s'il est parasite du couvain de Mélipones ou des larves de Diptères ou peut-être des *Scotocryptus* qui vivent dans la ruche. Il serait fort imprudent de le décrire comme espèce nouvelle sans une étude approfondie des travaux de M. Snellen von Vollenhoven, qui a étudié beaucoup de Braconiens exotiques.

— M. Maurice Girard, abordant ensuite un tout autre ordre d'idées, dit qu'on a déjà mentionné plusieurs fois les graves dégâts que les Dermestiens exercent dans les éducations de Vers à soie avec grainage cellulaire, en dévorant les corps des femelles réservées pour l'essai microscopique et les œufs sur les toiles. C'est surtout le *Dermestes lardarius* qui a été signalé comme nuisible (voir notamment : Maurice Girard, ravages du *Dermestes lardarius* dans les grainages cellulaires, Ann. Soc. ent. Fr., 1872, p. 205). Il a eu connaissance que cette année, à Ferrussac (Lozère), dans les éducations dirigées par M. Christian Le Doux, les larves d'une autre espèce, l'*Attagenus pellio,* ainsi qu'il l'a reconnu aux spécimens qui lui ont été remis, ont été la cause d'assez grands dommages. Elles dévoraient, outre les chrysalides de Vers à soie, les papillons mâles et femelles après le grainage et aussi les corps des papillons de l'*Attacus yama-maï* Guér.-Mén. Une tête de souris était restée prise dans un piége ; les larves d'*Attagenus* remplissaient l'intérieur du crâne et avaient rongé tout ce qui était peau et chair, de façon à laisser la boîte osseuse admirablement disséquée, à la façon des petits animaux dont les cadavres sont placés dans une fourmilière ; les poils, coupés et refoulés, formaient comme un collier dans le trou de la souricière.

M. Maurice Girard, à la suite de cette communication, dit qu'il lui semble inutile de discuter les points sur lesquels il n'est pas d'accord avec M. V. Signoret ; les expériences tentées en ce moment résoudront pratiquement le problème que l'on ne pourrait étudier que théoriquement.

(Séance du 26 Avril 1876.)

M. Maurice Girard adresse la note suivante :

La parthénogénèse chez les insectes constitue un fait si étrange dans le règne animal, qu'il est tout naturel de chercher une assimilation parmi les phénomènes de la vie des végétaux. Au moment où M. Balbiani vient de découvrir, dans le produit de l'œuf d'hiver du Phylloxéra de la vigne, le premier-né des longues générations agames et aptères, il me semble y avoir intérêt à présenter quelques observations sur une théorie récemment développée par un entomologiste distingué et un excellent collègue.

Il me paraît, comme dans une foule de questions, que tout revient ici à un désaccord de définitions. Un bouton ou gemme est un organisme produit en entier sur le sujet mère, pouvant quelquefois s'en détacher de lui-même, comme les bulbilles des Lis et de la Ficaire, mais y ayant pris son accroissement et ses parties constitutives. On doit, au contraire, donner le nom d'œufs aux corps qui naissent dans un ovaire, ne possédant que le vitellus d'une manière certaine quand ils en sont expulsés. C'est au dehors, sauf le cas accidentel des Pupipares, que les parties de l'embryon subissent leur évolution, et ce n'est pas l'accouplement qui détermine le véritable œuf. L'œuf mâle de la reine Abeille ne diffère que par l'absence du spermatozoïde de l'œuf femelle fécondé. L'œuf vierge du Phylloxéra aptère et agame des racines présente un embryon tout à fait analogue à celui de l'œuf d'hiver du sexué copulé, et dans tous deux on voit les mêmes points rouges oculaires à travers la coque.

Le sexe des Articulés peut parfois se reconnaître aux caractères extérieurs, même dans les premiers états. Ainsi les chenilles du *Bombyx neustria*, et surtout du *Bombyx castrensis*, laissent deviner les sexes à l'aspect des lignes longitudinales de ces Livrées ; la différence de la taille fait discerner le sexe des chenilles du *Liparis dispar* et des *Orgya*. Chez beaucoup de Gryllides et de Locustides on distingue le mâle et la femelle au sortir de l'œuf. L'œuf lui-même peut porter l'indication de la différence sexuelle. Un observateur autrichien (Joseph, sur l'époque où apparaissent les différences sexuelles dans les œufs de certains Liparides, Société Silésienne d'Hist. natur., Breslau, 1871) a reconnu que les œufs devant produire le mâle ou la femelle du *Liparis dispar* se distinguent à leur grandeur inégale, les œufs mâles étant plus étroits, les œufs femelles plus larges. Dans les Rotateurs, les œufs mâles sont bien plus petits que ceux devant donner des femelles. On doit donc de même qualifier d'œufs les corps d'inégale grandeur pondus par le Phylloxère agame ailé, formés dans un ovaire, tous deux embryonnés d'une façon analogue aux œufs des aptères monoïques ou dioïques, et devant produire, le petit, le sexué mâle, le gros, le sexué femelle.

Un mot pour terminer. Il me semble peu rationnel de donner le nom de pupe à une phase quelconque de l'évolution phylloxérienne. Ce mot est réservé aux insectes à métamorphoses complètes ; or, les Hémiptères n'ont que des métamorphoses incomplètes, et même les formes aptères des Aphidiens, des Phylloxériens et des Cocciens peuvent être rangées parmi les insectes sans métamorphoses (*Amorphoses* de C. Duméril).

(Séance du 24 Mai 1876.)

M. Maurice Girard soumet à l'examen de la Société des feuilles composées-palmées de Marronniers d'Inde présentant en grand nombre des érosions diverses : tantôt des taches se montrent par destruction du parenchyme seulement; tantôt les trous perforent le limbe des folioles, respectant le plus souvent les nervures. Ces déchiquetures sont parfois assez anciennes, comme le montrent leurs bords noircis. Les feuilles les plus déchirées se contournent sur les bords et se flétrissent. Presque tous les Marronniers d'Inde du boulevard Saint-Germain, aux deux bouts opposés voisins du quai, présentent très-visibles ces feuilles laciniées; il en est de même par places dans plusieurs jardins publics de Paris.

Notre collègue pense que les feuilles, encore très-jeunes et à demi-pliées, ont été rongées par des insectes, disparus maintenant. C'est aux perforations des Altises que l'effet produit ressemble le plus.

Une discussion s'élève à ce sujet. Un membre croit que ces dégâts sont produits par des Limaces. M. H. Lucas rapporte les érosions à l'action d'Acariens sur les feuilles jeunes, et il dit que les Tilleuls présentent souvent des altérations à peu près analogues produites par un *Acarus.*

La plupart des membres présents ne voient là que le résultat d'intempéries. M. Paul Mabille admet que l'action des froids brusques et insolites d'avril sur les feuilles très-jeunes explique ces altérations; d'autres sont portés à reconnaître un effet de la grêle. M. Maurice Girard dit que les ouvrages de MM. Goureau et Géhin sur les Insectes nuisibles ne mentionnent pas, comme encore observés, d'insectes attaquant les feuilles du Marronnier d'Inde d'une manière notable.

(Séance du 14 Juin 1876.)

M. Maurice Girard adresse à la Société la note suivante :

Par l'intermédiaire de M. l'amiral Paris, président de l'Académie des Sciences, j'ai reçu une larve vivante avec les renseignements ci-après :

Une maison de campagne du Périgord, bâtie depuis seize ans, mais qui n'avait jamais été habitée et dont les greniers étaient toujours restés fermés, présentait ces derniers envahis par un insecte dont on n'a pu trouver ni la nymphe, ni l'adulte, mais seulement les larves de toutes grandeurs. Le bruit qu'elles font en rongeant le bois est tellement fort qu'il trouble le sommeil dans les appartements placés en dessous. Le propriétaire a essayé en vain, pour les détruire, l'essence de térébenthine, le badigeon au goudron et au coaltar et l'acide phénique ; le seul remède a été de les chercher une à une dans les pièces de la charpente et de les écraser. Les bois de chêne sont seuls attaqués ; ceux de châtaignier et de peuplier sont respectés.

La larve qui m'a été remise, trouvée en mai et à toute sa taille, a environ 2,5 centimètres de longueur, d'un blanc de cire, subtétragone, un peu rétrécie d'avant en arrière, presque glabre, garnie de poils roussâtres clair-semés. On reconnaît tout de suite une larve de Longicorne, et la présence de six petites pattes rudimentaires la sépare des larves apodes de Lamiides. Sa taille est trop faible pour le genre *Cerambyx*, à part le *Cerambyx cerdo* Fabr., dont elle n'a pas les caractères (Chapuis et Candèze, larves des Coléoptères, 1853). J'ai dû rejeter aussi la larve de *Saperda carcharias* (Ratzeburg, I, 1839, 234, pl. XIV, fig. 4), qui est jaune, a la tête autrement faite et vit dans le peuplier. J'avais cru d'abord avoir affaire à la larve de l'*Hylotrupes bajulus*, qui attaque souvent les poteaux, comme nous l'a appris M. H. Lucas ; mais j'ai dû abandonner cette opinion et renoncer aussi à y voir la larve du *Criocephalus rusticus*, d'après les descriptions et les figures de M. Éd. Perris pour ces deux larves (Ann. Soc. ent. Fr., 1856, pl. 5 et 6).

Je suis arrivé, après ces éliminations successives, aux larves d'*Hesperophanes*, auxquelles appartient certainement la larve que j'ai reçue. Elle a la tête très-petite et presque entièrement engagée dans le prothorax, celui-ci ponctué antérieurement et strié en long sur la moitié postérieure. Les palpes maxillaires ont quatre articles, les labiaux deux, les antennes quatre articles rétractiles. Les anneaux, de quatre à dix, sont bimamelonnés sur le dos, les pattes très-courtes, coniques, peu apparentes, d'un roux pâle, composées de trois pièces, garnies de quelques poils et terminées par un ongle grêle. Ces caractères s'accordent avec ceux de la larve d'*Hesperophanes nebulosus* Oliv., trouvée par M. Mulsant dans le figuier (Opuscules entomologiques, cahier VI, 1855, p. 158), et d'une larve d'*H. griseus*, de la collection du Muséum, espèce qui vit, je crois, dans le chêne.

Si je parviens à obtenir l'adulte, on sera fixé sur le nom d'un Longicorne intéressant à connaître, puisqu'on devra l'ajouter à la liste des espèces nuisibles aux charpentes en place.

J'ai donné les conseils suivants au propriétaire désireux de détruire les ennemis de ses greniers : après fermeture hermétique, et, s'il se peut, en l'absence de toute personne dans la maison, établir dans les greniers des réchauds faisant volatiliser du mercure ou du sublimé corrosif (bichlorure de mercure), substances dont les vapeurs pénètrent dans tous les interstices. Si on ne veut employer ce remède assez dangereux, remplacer les pièces de charpente trop altérées par d'autres qui auront été soumises pendant plusieurs jours à une température de 90° à l'étuve, moyen certain de tuer les larves et les œufs. Je voudrais voir cette pratique entrer dans le commerce des bois ouvrés. On éviterait ainsi de fréquentes contestations, et on aurait la certitude que, si les bois sont encore attaqués, le mal est postérieur à la livraison.

(Séance du 28 Juin 1876.)

M. Maurice Girard donne lecture de la note qui suit :

A propos de la récente communication de M. Guenée (Bull., page CVII), je ferai remarquer que les érosions qu'on observe en ce moment à Paris et aux environs (très-visibles notamment au bois de Boulogne, près de la porte Maillot), sur les feuilles de marronniers d'Inde, ne sont nullement de la forme de celles produites par les chenilles.

La question de ces érosions, avec nombreux échantillons à l'appui, a té soulevée par un membre de la Société centrale d'Horticulture de France, dans sa dernière séance du 22 juin 1876. J'ai aussitôt fait connaître à l'assemblée que la Société entomologique s'était antérieurement occupée de ce sujet, et j'ai résumé les opinions émises à cet égard. A la Société d'Horticulture on a supposé l'action d'Acariens, et, suivant d'autres horticulteurs, un effet physique sur les jeunes feuilles, effet causé par la neige insolite du mois d'avril.

— M. Maurice Girard communique la note suivante :

J'ai reçu des environs d'Alger, dans la première quinzaine de juin, et à l'état vivant, un Chrysomélien qui n'est encore indiqué que d'Espagne et d'Algérie, le *Luperus flavus* Rosenhauer (*flavipennis* H. Lucas). M. L. Fairmaire, comme on sait, divise les *Luperus* en deux sections, les uns ayant les articles 2 et 3 de l'antenne sensiblement de même longueur, les autres, les plus nombreux en espèces, ayant le 3e article notablement plus long que le second. Le *L. flavus* appartient à cette seconde section et présente ce caractère antennaire fortement accusé.

Il n'y avait ni larves, ni nymphes, mais sur les feuilles de pommier et sur les parois du flacon d'envoi, un grand nombre de très-petits œufs. Ceux-ci sont d'un beau jaune, de forme ellipsoïde assez allongée, mais, en général, ne sont pas sensiblement plus pointus à un bout qu'à l'autre, comme il arrive chez les *Galleruca*. Ils sont tantôt en petits tas, tantôt accolés deux à deux, tantôt isolés. Certains sont notablement plus étroits que d'autres, et, à un très-fort grossisement, tous ces œufs ont la surface régulièrement chagrinée.

Cet insecte a causé cette année de grands dégâts aux pommiers des environs d'Alger, criblant de trous le parenchyme des feuilles et faisant à la surface des jeunes fruits de larges érosions par ses morsures.

M. Géhin indique le *L. flavipes* Linn., son congénère dans la section des vrais *Luperus*, comme nuisible aux arbres fruitiers et particulièrement aux poiriers (Géhin, Insectes qui attaquent les poiriers, Coléoptères, 8e bull. Soc. hist. natur. du départ. de la Moselle, Metz, 1856-1857, p. 111).

M. H. Lucas a rencontré cet insecte, en juin, aux environs de Milah, en fauchant au filet dans les grandes herbes; il est probable, d'après l'habitation ordinaire des *Luperus*, qu'il a capturé des insectes tombés des arbustes. (Explor. de l'Algérie, Insectes, t. I, p. 543, pl. 44. fig. 10.)

(Séance du 12 Juillet 1876.)

M. Maurice Girard donne communication des notes suivantes :

1° Une espèce de Psyllide (Hémipt. Homopt.), commune sur les figuiers du midi de la France, l'*Homotoma ficûs* Linn., apparaît depuis deux ans aux environs de Paris, notamment à Clamart chez M. V. Signoret, qui me prie d'en parler en son nom, et à Sceaux. Les sujets qui m'ont été remis sont en larves et nymphes, avec les fourreaux alaires en forme de lamelles semi-circulaires sur les côtés du thorax.

Ce n'est pas la première fois que cette espèce, un de nos plus grands Psylles, se prend à Paris. Elle était très-abondante à Charenton en 1736, nous apprend Réaumur (Mémoires sur les Insectes, III, 1737, p. 351 et suiv., Des faux Pucerons du figuier et de ceux du buis), et Geoffroy décrit l'espèce sous le nom de la *Psylle du Figuier* (Hist. abrégée des Ins. des environs de Paris, 1762, I, p. 484, pl. 10, fig. 2).

Il me paraît bien probable que les intempéries détruisent cette espèce, qui reparaît par intervalles, apportée avec des plants de figuier. Cela résulte du mode de ponte, découvert par L. Dufour (Recherches anatom. sur les Hémiptères, Mém. des Savants étrangers, t. IV, 1833, p. 228, pl. IX, fig. 100 à 113). Les œufs, en forme de cornue, sont enfoncés dans l'écorce par leur bec latéral, dans les fentes qui avoisinent les bourgeons, et très-rarement sur ceux-ci mêmes, et passent ainsi l'hiver sans abri.

2° Dans le courant de l'année dernière, j'ai signalé les ravages de l'*Yponomeuta malinella* sur les pommiers des Charentes, et j'ai cru pouvoir présumer, d'accord avec notre collègue M. H. Delamain, de Jarnac, que l'espèce ne serait plus nuisible en 1876 ; c'est en effet ce qui est advenu, d'après les renseignements que j'ai reçus d'Angoulême et de Jarnac. Les pommiers sont en bon état, ainsi qu'il arrive également en beaucoup de points aux environs de Paris. M. H. Delamain m'écrit que, dans la Charente, tout le genre *Yponomeuta* est rare cette année. Les haies de mahaleb, dit-il, qui, depuis deux ans, étaient dévorées par une Yponomeute, sont actuellement intactes, et on a peine à trouver quelques nids. L'*Y. rorella*, espèce ordinairement très-commune sur les saules qui bordent la Charente, est difficile à rencontrer cette année.

Le *Bombyx neustria*, qui a dévasté les Charentes en 1874 et 1875, est heureusement peu abondant cette année.

M. H. Delamain rapporte, au reste, que les Lépidoptères qui intéressent les entomologistes sont rares cette année dans le pays qu'il habite. Je dois faire cette remarque que, près de Paris, au contraire, j'ai trouvé assez fréquemment sur les prunelliers les toiles de l'*Yponomeuta variabilis* ou *padella*.

(Séance du 9 Août 1876.)

M. Maurice Girard communique l'observation suivante :

Dans un récent travail, un auteur suédois, M. C.-G. Thomson, a le premier appelé l'attention sur un caractère distinctif tiré de l'aile inférieure chez les Apites et les Bombites. Dans les premiers, les ailes inférieures ont un grand lobe basal, mais qui n'atteint pas la nervure transverse ordinaire ; chez les Bombites, au contraire, les ailes inférieures sont incisées à la base et le lobe basal est nul (C.-G. Thomson, *Hymenoptera Scandinaviæ*, t. II [*Apis*, Linn.], Lund, 1872, p. 14 et 16).

Il résulte de cette différence anatomique que l'aile inférieure a une aire plus vaste, comparée à la supérieure, chez les Apites que chez les Bombites.

J'ai voulu voir à quel degré pouvait s'étendre la différence physiologique fonctionnelle qu'on était amené à prévoir. J'ai opéré la section des ailes inférieures, sans arrachement, avec de fins ciseaux agissant près de l'insertion, en ayant soin de ne produire aucune lésion ni fatigue chez les insectes en expérience. Les sujets ont été les *Bombus subterraneus* femelle, *muscorum* femelle et ouvrière, *terrestris* mâle et femelle, *lapidarius* mâle et femelle, et *Psithyrus vertalis* mâle. Tous ces insectes, à un soleil ardent, condition essentielle du vol actif des Bombites, ont volé presque aussi bien avec les deux ailes antérieures seules qu'avec les quatre, se dirigeant, non-seulement horizontalement, mais de bas en haut et allant se perdre dans les arbres.

Quant aux Apites, en opérant sur l'*Apis mellifica*, on reconnaît que l'ablation des ailes inférieres a plus d'influence sur le vol. Tantôt elles tombent à terre, sans pouvoir prendre leur essor ; parfois elles volent en parabole, leurs ailes supérieures servant, en grande partie au moins, comme parachute. La fonction est non abolie, au moins assez diminuée.

(Séance du 11 Octobre 1876.)

M. Maurice Girard communique les observations suivantes :

1° J'ai constaté près de Granville (Manche), au commencement de septembre, un cas de flâcherie sur une espèce indigène, tout à fait analogue à ceux que j'ai souvent reconnus sur les chenilles de nombreuses éducations d'*Attacus Yama-maï*. Je rencontrai sur un chemin une chenille de *Sphinx ligustri*, terminant sa troisième mue, à tête de grosseur normale, mais de taille environ moitié de celle qu'elle aurait dû avoir (maladie des *petits*). Les trois derniers anneaux du corps, y compris la corne, restaient enveloppés et serrés dans la vieille peau, jaunâtre et flétrie, qui, n'ayant pu se dégager, fermait l'orifice terminal. Cette chenille cessa de manger, bien qu'ayant la nourriture à sa portée, devint flasque et mourut, molle et noircissante, exactement comme dans les cas de flâcherie qui déciment les Vers à soie.

2° J'ai capturé, dans la localité que je viens de citer, comme en 1874, dans les chemins creux boisés, de nombreux sujets du *Satyrus Ægeria*, mais je n'ai plus trouvé aucune différence avec le type parisien, tandis qu'il y a deux ans je rencontrai certains exemplaires offrant un passage à la variété *Meone* à fond fauve, qui remplace le type à partir du Poitou, sauf dans les régions froides et montagneuses.

3° Dans les premiers jours de septembre, toutes les falaises et coteaux secs des environs de Granville offraient en abondance le Criquet à ailes bleues et noires de Geoffroy (*Œdipoda cærulescens* Linn.), mais la variété à ailes rouges (*germanica* Latr.) manquait complétement, tandis qu'au mois d'août elle était fréquente dans les lieux secs et à broussailles des environs de Paris, tels que la forêt de Sénart.

4° J'ai reçu ces jours derniers, provenant de M. Rose Charmeux, de Thomery, près Fontainebleau, un insecte qui a dû être abondant par exception dans la localité, quoiqu'on ne l'y eût pas encore rencontré auparavant. Il était accusé de manger les feuilles des vignes de treille et les pellicules des grains de raisin, produisant des ravages ressemblant à ceux des Loirs. A moins d'une inversion de régime qui n'a jamais été signalée, il y a là une erreur manifeste d'observation, car l'insecte était la Mante religieuse, Orthoptère carnassier de proie vivante par excellence.

5° A la suite de ces remarques, notre collègue fait hommage à la Société de la seconde édition de son ouvrage populaire sur le *Phylloxera*, édition augmentée des plus récentes découvertes sur les agames ailés, leurs essaimages, les sexués aptères, l'œuf d'hiver et sa descendance aptère, tant aérienne que radicicole.

(Séance du 8 Novembre 1876.)

M. Maurice Girard adresse la note suivante :

On sait qu'une découverte entomologique, des plus curieuses sous le rapport de la biologie, a été faite cette année dans le département du Nord, celle d'un Diptère Muscien, une Lucilie, qui, au lieu de s'attaquer à l'homme, comme l'espèce de Cayenne, pond sur les yeux des crapauds vivants, de sorte que ses larves dévorent la face de ces Batraciens.

L'espèce trouvée par M. Moniez près de Valenciennes (Nord), et nommée par lui *Lucilia bufonivora*, a été reconnue nouvelle par M. A. Giard, professeur de zoologie à la Faculté des Sciences de Lille (Bulletin scientifique, historique et littéraire du département du Nord ; Lille, n°s de février, d'août et de septembre 1876). Un crapaud, dont la face était à demi rongée par les larves de cette espèce, a été pris en Belgique près de Dinant (Preudhomme de Borre, Société entomologique de Belgique, compte rendu du 7 octobre 1876, 2e série, n° 30, p. 6).

Aussitôt que j'ai eu connaissance de ces faits, j'ai cherché à savoir si cette espèce existait près de Paris, et je me suis informé auprès de M. Desguez, qui, par profession, recueille fréquemment des Reptiles et Batraciens, notamment des crapauds, si utiles à l'horticulture. Il s'est aussitôt rappelé avoir trouvé deux fois, à Auteuil et à Fontainebleau, des crapauds ayant les yeux mangés, ainsi que le nez et une partie de la face. Ces animaux ne paraissaient pas souffrir de ces lésions et pouvaient accomplir leurs fonctions accoutumées, car l'un d'eux était à l'eau, occupé à frayer.

J'ai engagé M. Desguez à récolter avec beaucoup de soin à l'avenir les crapauds ainsi attaqués, afin que les larves, pupes et adultes du Diptère puissent être obtenus, et je crois que la certitude que cette Lucilie est parisienne, et probablement répandue dans toute la France, comme le crapaud commun, engagera les entomologistes à rechercher les crapauds dans leurs chasses. Il y aurait aussi intérêt à savoir si cet insecte attaque les espèces des genres *Alytes*, *Bombinator*, *Pelobates*, etc., aussi bien que celles du genre *Bufo*.

(Séance du 13 Décembre 1876.)

M. Maurice Girard communique quelques nouveaux renseignements au sujet des Crapauds vivants attaqués par des Lucilies (*Lucilia bufonivora* Moniez) :

M. Desguez s'est rappelé un troisième sujet trouvé à Bondy et présentant des larves dans le nez, ce qui semble ne plus laisser aucun doute sur l'existence de l'espèce près de Paris.

M. Fernand Lataste, bien connu pour ses travaux sur l'erpétologie de la Gironde et des environs de Paris, a noté dans ses excursions un fait analogue probablement, quoiqu'il soit beaucoup moins certain, sur la Grenouille verte (*Rana viridis* Linn.). Un sujet énorme de cette espèce, pêché au fond d'un ruisseau limpide non loin de Bordeaux, avait la mâchoire inférieure rongée comme par un ulcère ou par des vers, et cependant l'animal, bien vivant, bondissait pour regagner l'eau.

Peut-être arrivera-t-on à reconnaître pour les divers groupes des Batraciens et des Reptiles une série d'espèces de Diptères batrachophages, peut-être aussi erpétophages.

Nous rappellerons, en terminant, que Gratiolet a publié dans nos Annales une note sur des larves de Diptères nourries aux dépens du *Lacerta viridissima* (Lézard vert) vivant. (Ann. Soc. ent. Fr., 1851, Bull. p. LXIII.)

Le même membre donne connaissance d'une autre observation ;

En 1875, fut introduite à Ferrussac, dans la Lozère, la culture du *Chenopodium quinoa*, Chénopodée des Andes du Pérou et du Chili, qui se mange en vert comme les épinards, lesquels appartiennent à la même famille. Aucun insecte ne se montra cette année-là sur la plante exotique. Il n'en fut pas de même en 1876, où les feuilles furent criblées de trous par une de nos Cassides (*Cassida nebulosa* Linn., var. *affinis*), dont les spécimens, recueillis sur le *quinoa*, m'ont été envoyés en larves et en adultes. Leur nombre était considérable, sans empêcher cependant la culture de ce végétal très-rustique.

C'est un exemple de plus à citer contre une opinion beaucoup trop absolue, récemment émise, que les plantes importées n'ont pas à craindre les insectes indigènes, et réciproquement que les insectes exotiques importés épargneront nos végétaux du pays. L'expérience seule pourra prononcer.

(Séance du 27 Décembre 1876.)

M. Maurice Girard fait passer sous les yeux des membres de la Société un dessin qui lui a été envoyé par M. le docteur Oldstreil, de Teschen (Silésie autrichienne), et qui accompagnait un compte rendu d'éducations adressé à la Société d'acclimatation. Il représente une aberration de l'*Attacus yama-maï* Guér.-Mén., si fortement tranchée que M. Oldstreil ne savait s'il ne devait y voir une espèce nouvelle. Ce papillon femelle provient d'une éducation faite en 1876 avec des œufs venus directement du Japon. Au lieu de la forme arrondie ordinaire, les ailes inférieures offrent de chaque côté une échancrure avec un crochet recourbé très-apparent au milieu. Les ailes supérieures sont tronquées carrément en dessus à leur partie apicale. Ces caractères sont aussi accusés que ceux qui servent à établir des genres, d'après les crochets ou les découpures angulaires des ailes, comme *Platypteryx* Laspeyre, *Gonoptera* Latreille, etc., et cependant ce n'est qu'une aberration accidentelle, et non une race, car il n'y avait qu'un seul de ces papillons.

Voilà donc une tendance de race qui semble acquérir du premier coup rang de genre au-dessus de l'espèce. Dans la collection de Guérin-Méneville, actuellement au Muséum, se trouve un sujet de l'*Attacus Pernyi* Guér.-Mén., également femelle, où les ailes présentent une légère tendance à la précédente aberration, à savoir une découpure concave au bord supérieur de l'aile inférieure, et, comme par suite d'une loi naturelle de concordance, un indice de troncature au sommet de l'aile supérieure.

Peut-être ces petits faits auront-ils plus tard leur importance, quand nous serons plus avancés qu'aujourd'hui dans la connaissance si difficile des lois de la variation de l'espèce.

Notes de l'année 1877.

(Séance du 24 Janvier 1877.)

M. Maurice Girard adresse la note suivante :

A propos d'une de mes récentes communications sur la Lucilie des Crapauds vivants (*Lucilia bufonivora* Moniez), un de nos membres honoraires, notre excellent collègue M. le docteur Giraud, m'envoie une intéressante indication, dont je m'empresse de faire part à la Société.

Les mémoires de la Société de zoologie et de botanique de Vienne (*Verhandl. zool.-botan. Gesellsch. in Wien,* 1865, p. 241) contiennent une note du docteur Boie, annonçant qu'en Bohême, le docteur Uwersen et un employé forestier ont observé successivement des Crapauds paraissant anxieux et qui ouvraient fréquemment la bouche. On trouva, en les examinant, que les parties molles, avoisinant les ouvertures nasales, étaient déchirées par les larves d'un Diptère qui n'a pu être étudié.

Telle est la plus ancienne connaissance, je crois, du fait curieux retrouvé en 1876 dans le département du Nord.

(Séance du 14 Février 1877.)

M. Maurice Girard présente à la Société l'exemplaire de la curieuse aberration d'*Attacus yama-maï* Guér.-Mén., dont il n'avait pu montrer que le dessin dans la séance du 27 décembre 1876, Bulletin, p. CCXXIII. Ce sujet femelle, envoyé de Teschen (Silésie, Autriche) par M. le docteur J. Odstreil, était unique dans les éclosions de 1876. Cette femelle a été exposée trois nuits aux approches d'un papillon mâle de son espèce, mais il est douteux qu'elle ait été fécondée, car elle n'a pondu que quelques œufs stériles. Elle est de taille moyenne, avec le fond d'un gris cendré uniforme. L'examen du dessous des ailes montre parfaitement une nervure brisée et contournée vers le crochet si marqué des ailes inférieures, ce qui prouve bien qu'on n'a pas affaire à quelque supercherie opérée à coups de ciseaux. Le crochet de l'aile inférieure droite est plus prononcé que celui de l'aile gauche correspondante; en revanche la troncature perpendiculaire à l'axe du corps du sommet de l'aile supérieure droite est moins accusée qu'à l'aile supérieure gauche.

M. J. Odstreil écrit à notre collègue qu'il n'a rien vu dans les chenilles qui pût lui faire supposer une aberration de l'adulte. Il ajoute qu'en 1865 et 1866 il a élevé des chenilles de *yama-maï* avec des têtes noires, et que les papillons obtenus n'ont pas présenté de différence dans la forme de leurs ailes avec les sujets ordinaires.

(Séance du 14 Mars 1877.)

Décision. La Société est appelée à prendre une décison sur les conclusions du rapport de la Commission du Prix Dollfus, présenté dans une précédente séance, et imprimé dans le Bulletin de 1877, page XXIX.

La Société décide, par 23 voix contre 13, qu'il y a lieu de décerner le Prix, et M. Maurice Girard, ayant obtenu, à un second scrutin, 30 suffrages sur 37, est proclamé lauréat du Prix Dollfus de 1876, pour la première partie du tome II de son *Traité élémentaire d'Entomologie*, comprenant l'histoire des Insectes des ordres des Orthoptères et des Névroptères.

(Séance du 28 Mars 1877.)

Correspondance. M. Maurice Girard, dans une lettre adressée au Président, remercie vivement la Société de ce qu'elle a bien voulu lui décerner le Prix Dollfus pour 1876.

(Séance du 11 Avril 1877.)

M. Maurice Girard communique ses observations, jointes à celles de notre collègue M. Xambeu, relatives à quelques sujets d'entomologie envoyés par ce dernier de Romans (Drôme) :

1° Deux individus d'un très-rare Chalcidien, du genre *Palmon* Walker, de l'espèce *P. pachymerus* Dalman. Ce sont de minuscules Hyménoptères atteignant environ un millimètre, à corps aplati, noir et brillant, à pattes testacées, avec de très-larges cuisses comprimées. M. Xambeu a trouvé ces insectes sous les ailes inférieures de deux femelles de *Mantis religiosa* Linn. Ces Chalcidiens se tiennent ainsi à portée de l'oothèque que façonne la femelle de la Mante lors de la ponte, afin de déposer leurs œufs dans ceux de l'Orthoptère, en rangées dans la capsule.

2° Un très-bel exemplaire, bien adulte, d'une femelle à tarière saillante de *Myrmecophila acervorum* Panzer. rencontrée dans une ourmilière à la fin d'octobre. On sait que ce singulier Gryllien, complétement aptère et aveugle, se prend un peu partout, mais surtout au printemps et toujours très-rarement.

3° Un produit filiforme de déjection d'une chenille de Ver à soie (*Sericaria mori* Linn.), qui mourut de flâcherie sans avoir pu filer son cocon. C'est un *Gordius,* genre d'Helminthes de l'intestin de beaucoup d'insectes ; il était trop desséché pour qu'on pût en déterminer l'espèce, même après ramollissement.

4° Un cocon d'*Attacus carpini* Linn., notablement plus gros qu'à l'ordinaire et contenant, desséchées sans nymphose, les deux chenilles qui l'avaient filé en commun. C'est le même fait que celui des *douppions* des magnaniers présenté par une espèce indigène.

5° Une chenille de *Chelonia caja*, dure, à l'état de *dragée*, couverte d'une efflorescence blanchâtre, envoyée comme type de l'éducation faite au printemps de 1876 d'une grande quantité de chenilles de cette espèce. Elles moururent toutes, fixées aux parois de la boîte d'éducation, alors qu'elles étaient à leur dernière mue et prêtes à se chrysalider. C'est un cas de muscardine ou infection cryptogamique de l'appareil respiratoire, comme on en a déjà enregistré d'assez nombreux pour les chenilles du pays. (Voir Maurice Girard, Ann. Soc. ent. Fr., 1863, p. 90.)

(Séance du 9 Mai 1877.)

M. Maurice Girard, à la suite des remarques de M. Éd. Taton, présente la note suivante :

La Société a déjà reçu plusieurs indications relatives aux Muscides des Batraciens. Ces faits sont plus anciens dans la science qu'on ne l'a d'abord pensé. Ainsi, avant la note des Mémoires de la Société zoologique et botanique de Vienne, qui est de 1865, des Mouches bufonivores ou ranivores ont été signalées en Australie comme trouvées fréquemment dans des Grenouilles. Les larves des Diptères étaient comme enchâssées dans la chair, le plus souvent derrière les tympans, parfois au nombre de trois ou quatre sur le même individu, s'étendant tout le long du dos jusqu'à l'anus. L'insecte parfait est une Mouche jaune, dont le type, conservé au Musée de Sydney, a servi à M. Mac Leay à établir le genre *Batrachomyia*; les larves sont jaunes. Il y a probablement plusieurs espèces de ce genre, attaquant divers Batraciens, tels que le *Cystignathus Sydneyensis*, qui est la plus petite Grenouille australienne, l'*Uperoleia marmorata*, le *Hyla citropus* ou Rainette à pattes jaunes. Un de ces Diptères est figuré à ses divers états avec le Cystignathe attaqué, dans le mémoire de M. Gérard Krefft, intitulé : Notes sur les métamorphoses d'un insecte Diptère du genre *Batrachomyia*, dont les larves sont parasites de diverses espèces de Grenouilles australiennes (Trans. of the entomol. Soc. of New South Wales, I, 2e partie, Sydney, 1864, p. 100, pl. 8).

Il reste à décider une question très-importante pour tous les Diptères batrachophages : a-t-on affaire à des espèces très-diverses pondant dans des plaies préexistantes, comme cela arrive souvent pour les plaies de nos animaux domestiques, ou s'agit-il d'espèces spéciales, déposant leurs œufs sur des Batraciens vivants et sains, comme les Entomobies sur la peau des chenilles ?

— M. le docteur Gobert ajoute, à l'occasion des Diptères vivant dans des animaux, qu'il a plusieurs fois observé, aux environs de Mont-de-Marsan, des Acridiens dans le corps desquels se trouvaient des larves qui lui ont donné des *Phora* à l'état parfait.

M. Maurice Girard communique la note qui suit :

L'année derrière, à peu près à cette époque, j'ai appelé l'attention sur les érosions que présentaient les feuilles des marronniers d'Inde, dans Paris et ses environs immédiats. Le même fait se montre cette année, toutefois, à ce qu'il me semble, sur une moindre échelle. J'ai observé ces érosions des feuilles au Luxembourg, plus accusées encore au boulevard Saint-Germain, où bien des feuilles avaient le parenchyme enlevé par éraillures, à l'intérieur, les érosions allant parfois jusqu'au bord. Au carrefour de l'Observatoire les plus jeunes marronniers ont véritablement leurs feuilles en lambeaux.

L'opinion qui a paru prévaloir l'année dernière à la Société est que le mal était dû à la gelée insolite avec neige persistante d'avril 1876, postérieure à l'épanouissement des bourgeons. Rien de pareil n'ayant eu lieu cette année, il faut admettre probablement, comme le pensait M. H. Lucas, l'action d'Acariens nocturnes sur les très-jeunes feuilles.

(Séance du 25 Juillet 1877.)

M. Maurice Girard donne quelques indications relatives à la Doryphore des pommes de terre (*Leptinotarsa decemlineata* Say) :

M. Ch. Joly, mon collègue à la Société centrale d'Horticulture, m'a communiqué une lettre du consul de France à Cologne (Prusse rhénane) annonçant l'invasion de ce Chrysomélien dans les champs de pommes de terre près de cette ville, à Mühlheim, et la destruction immédiate de leur récolte, par ordre supérieur, au moyen du feu de sciure de bois pétrolée.

M. Ém. Deyrolle a été informé que cela n'a pas suffi pour anéantir les insectes, beaucoup de larves et de nymples enterrées à douze ou quinze centimètres ayant été protégées par la mauvaise conductibilité de la terre végétale.

Il faudra donc, si le fléau nous arrive, retourner profondément le sol après combustion et employer les insecticides. Le sulfo-carbonate de potassium à forte dose paraît convenable à cet effet, car il ne laissera dans la terre qu'un sel favorable à la végétation.

Il est bien à craindre, contrairement à l'opinion optimiste de M. Ém. Blanchard (Journal d'Agriculture de M. Barral, 15 février 1875), que l'insecte ne s'acclimate aisément en Europe, de même que notre Criocère de l'asperge et notre Galéruque de l'orme en Amérique. Des sujets vivants ont été trouvés l'année dernière en Hollande et sur les quais de Brême, où abordent beaucoup de navires d'Amérique. Le Chrysomélien des pommes de terre se propage par le vol et peut vivre non-seulement sur d'autres Solanées : tomate, aubergine, morelle, alkékenge, etc., mais encore sur les chardons, les choux, les avoines, etc. Il sera nécessaire d'employer contre lui les moyens de ramassage usités dans le Midi contre le *Négril* des luzernes (*Colaspidema atrum* Oliv. ou *barbarum* Fabr.), notamment l'appareil exposé en 1867 par M. Badoua, et consistant essentiellement en une large palette qui secoue les plantes basses sans les briser, et fait tomber les Chrysoméliens, engourdis par la fraîcheur du matin, dans une boîte où on les recueille; l'appareil est promené dans les champs et le mouvement des roues est transmis à la palette mobile par une courroie ou une corde en huit.

Après cette communication, plusieurs membres font remarquer qu'il peut y avoir quelques doutes sur la détermination de l'insecte signalé à Mühlheim, car aucun type ni aucune description n'en ont été adressés à Paris.

(Séance du 8 Août 1877.)

M. Maurice Girard adresse la note suivante :

Quelques-uns de nos collègues ont émis des doutes lorsque, à la dernière séance, j'ai eu l'honneur de faire part à la Société de la présence de la Doryphore des pommes de terre près de Cologne. La certitude est complète aujourd'hui, car M. Heuzé, envoyé par le Ministère de l'Agriculture, a rapporté des larves vivantes de ce Chrysomélien. Il est donc bien établi, contrairement aux assertions que j'ai combattues autrefois dans le journal *La Nature* (1875, 1er sem., p. 273), que cet insecte a pu être transporté par les navires et qu'il est capable de vivre chez nous. Il est par conséquent urgent que l'autorité soit réveillée d'une sécurité trompeuse. Le maire de Mülheim avait parfaitement reconnu la Doryphore d'après un modèle en relief qu'on avait eu la bonne précaution d'envoyer aux maires de villages, et il a déclaré qu'elle était très-facile à distinguer des insectes nuisibles de son pays, dont aucun ne lui ressemble.

(Séance du 22 Août 1877.)

M. Maurice Girard adresse de Saint-Aubin-sur-Mer (Calvados) la communication suivante :

J'ai reçu une lettre de Londres, datée du 11 août 1877, de notre collègue M. Andrew Murray, où il m'annonçait qu'il revenait ce jour même de Liverpool, où il avait été envoyé par le Gouvernement, à l'occasion de l'apparition de la Doryphore des pommes de terre. L'insecte n'avait pas fait de ravages. M. Murray dit qu'on n'a recueilli que deux individus isolés. L'examen de ce savant coléoptériste rend certaine l'arrivée de l'espèce en Angleterre, comme en Allemagne, ainsi que je l'ai précédemment annoncé à la Société. Il est donc urgent de renoncer à cette sécurité trompeuse, due aux assertions optimistes énoncées à la Société centrale d'Agriculture, que l'insecte était d'une introduction presque impossible et ne pourrait s'acclimater en Europe. Il faut que tous les maires de village soient prévenus et reçoivent une notice accompagnée de figures.

PARIS. — Typographie FÉLIX MALTESTE ET Ce, rue des Deux-Portes-Saint-Sauveur, 22.

www.ingramcontent.com/pod-product-compliance
Ingram Content Group UK Ltd.
Pitfield, Milton Keynes, MK11 3LW, UK
UKHW020158200726
13856UKWH00003B/1063

9 782013 557191